Kompaktkurs Mathematik

mit vielen Übungsaufgaben
und allen Lösungen

Von

Professor Dr. Andreas Pfeifer

und

Dipl.-Math. Marco Schuchmann

2., unwesentlich veränderte Auflage

R. Oldenbourg Verlag München Wien

Die Deutsche Bibliothek - CIP-Einheitsaufnahme

Pfeifer, Andreas:
Kompaktkurs Mathematik : mit vielen Übungsaufgaben und allen
Lösungen / von Andreas Pfeifer und Marco Schuchmann. – 2., unwes.
veränd. Aufl. – München ; Wien : Oldenbourg, 2002
  ISBN 3-486-25878-8

© 2002 Oldenbourg Wissenschaftsverlag GmbH
Rosenheimer Straße 145, D-81671 München
Telefon: (089) 45051-0
www.oldenbourg-verlag.de

Das Werk einschließlich aller Abbildungen ist urheberrechtlich geschützt. Jede Verwertung außerhalb der Grenzen des Urheberrechtsgesetzes ist ohne Zustimmung des Verlages unzulässig und strafbar. Das gilt insbesondere für Vervielfältigungen, Übersetzungen, Mikroverfilmungen und die Einspeicherung und Bearbeitung in elektronischen Systemen.

Gedruckt auf säure- und chlorfreiem Papier
Gesamtherstellung: Druckhaus „Thomas Müntzer" GmbH, Bad Langensalza

ISBN 3-486-25878-8

Vorwort

Für ein erfolgreiches Studium einer naturwissenschaftlich-technischen oder wirtschaftswissenschaftlichen Fachrichtung an einer Hochschule sind mathematische Grundkenntnisse unerlässlich. Dieses Buch ist ein Kompaktkurs für das Selbststudium zum Aneignen und zum Auffrischen der für ein Studium notwendigen Mathematik-Kenntnisse. Es kann aber auch kursbegleitend bei Einführungs-, Vor- oder Brückenkursen eingesetzt werden.

Das Buch enthält die wesentlichen Stoffgebiete, die Studierende zu Beginn eines Studiums kennen sollten. Es vermittelt in einfacher, anschaulicher und allgemein verständlicher Form einen Grundstock mathematischer Kenntnisse unter weit gehendem Verzicht auf sonst übliche mathematische Strenge. Die Ausgangsvoraussetzungen zum Verständnis dieses Buches sind gering. Es eignet sich deshalb auch für Schülerinnen und Schüler der Sekundarstufe II, da im Mittelpunkt Themen wie die elementaren Grundrechenarten, die Differential- und Integralrechnung sowie die Vektorrechnung stehen.

Jedes Kapitel enthält anschauliche Beispiele und viele Übungsaufgaben mit Lösungen, die dem Leser die Aneignung solider Rechenfertigkeiten ermöglichen. Mit dem Zeichen ↗ wird im Text auf die Übungsaufgaben im Kapitel 7 verwiesen. Die Lösungen aller Übungsaufgaben finden Sie in Kapitel 8.

Den Abschluss bildet ein Test in Kapitel 9, mit dem Sie das Gelernte überprüfen können.

Abschnitte, die nicht unbedingt notwendig sind, aber manchmal in der Schule behandelt werden, sind mit "Exkurs" überschrieben. Sie können beim ersten Durcharbeiten des Buches übergangen werden, da sie zum Verständnis der nachfolgenden Abschnitte nicht erforderlich sind.

Für Anregungen und Hinweise für Ergänzungen und Verbesserungen sind wir dankbar.

Andreas Pfeifer, Marco Schuchmann

Inhalt

1 **Grundlagen der Mathematik** 7
   1.1 Mengen 7
       1.1.1 Definition von Mengen 7
       1.1.2 Spezielle Mengen 8
       1.1.3 Mengen-Operatoren 12
   1.2 Aussagen, Aussageformen, Quantoren 15
   1.3 Additions- und Multiplikationsgesetze 17
   1.4 Potenzen, Wurzeln und Logarithmen 20
       1.4.1 Potenz- und Wurzelgesetze 20
       1.4.2 Logarithmengesetze 23
   1.5 Folgen, Summen und Produkte 25
   1.6 Binomische Formel 27
   1.7 Trigonometrie 30

2 **Gleichungen und Ungleichungen** 35
   2.1 Lineare Gleichungen 35
   2.2 Bruchgleichungen 36
   2.3 Wurzelgleichungen 38
   2.4 Quadratische Gleichungen 39
   2.5 Gleichungen dritten Grades 42
   2.6 Gleichungen beliebigen Grades 43
   2.7 Textaufgaben 44
   2.8 Ungleichungen mit einer Variablen 46

3 **Funktionen** 48
   3.1 Definition einer Funktion 48
   3.2 Verschiedene Funktionstypen 51
       3.2.1 Geraden 51
       3.2.2 Polynome (ganzrationale Funktionen) 53
       3.2.3 Trigonometrische Funktionen 57
       3.2.4 Die Exponentialfunktion und Logarithmusfunktion 59
       3.2.5 Gebrochenrationale Funktionen 62
       3.2.6 Weitere Funktionstypen 68
   3.3 Stetigkeit 71
   3.4 Symmetrie und Grenzwertverhalten 72

4 Differential- und Integralrechnung **74**

    4.1 Differentialrechnung 74

        4.1.1 Differentialquotient 74

        4.1.2 Produkt- und Quotientenregel 79

        4.1.3 Kettenregel 81

        4.1.4 Bestimmung lokaler Extrema 82

        4.1.5 Bestimmung von Wendepunkten 85

    4.2 Monotonie 86

    4.3 Bijektivität und Umkehrbarkeit 88

    4.4 Kurvendiskussion am Beispiel 90

    4.5 Integration 92

        4.5.1 Herleitung der Integration 92

        4.5.2 Bestimmung von Flächen mit Hilfe der Integration 97

        4.5.3 Produktintegration 100

        4.5.4 Volumenberechnung bei Rotationsparaboloiden 101

5 Komplexe Zahlen **103**

    5.1 Rechnen mit komplexen Zahlen 103

    5.2 Polarkoordinaten 107

6 Vektorrechnung **109**

    6.1 Rechnen mit Vektoren 109

    6.2 Länge von Vektoren 112

    6.3 Winkel zwischen Vektoren 112

    6.4 Geraden in Parameterform 113

7 Übungsaufgaben **116**

8 Lösungen **127**

9 Test **137**

    9.1 Testaufgaben 137

    9.2 Lösungen zum Test 145

Literaturverzeichnis **146**

Register **147**

1 Grundlagen der Mathematik

1.1 Mengen

1.1.1 Definition von Mengen

Eine **Menge** ist eine Zusammenfassung von bestimmten, wohlunterschiedenen Objekten (**Elemente** der Menge) unserer Anschauung oder unseres Denkens zu einem Ganzen. Mengen werden generell mit großen Buchstaben (z.B. A, B oder C), Elemente der Menge mit kleinen Buchstaben (z.B. p, x oder y) gekennzeichnet.

$x \in A$ (gesprochen: x ist ein Element von A) heißt, dass x zur Menge A gehört.
$x \notin A$ (gesprochen: x ist kein Element von A) bedeutet, dass x nicht zur Menge A gehört.

Mit einem senkrechten Strich vor und hinter dem Mengensymbol wird die **Mächtigkeit**, d.h. die Anzahl der Elemente einer Menge, bezeichnet.

Beispiele:
$A = \{4; 5; 6\}$. Die Menge A besteht aus den (drei) Elementen 4, 5 und 6. Die einzelnen Elemente werden durch ein Komma oder ein Semikolon getrennt. Wir verwenden in diesem Buch ein Semikolon. $4 \in A$, aber $7 \notin A$.

$|A| = |\{4; 5; 6\}| = 3$

B sei die Menge der geraden Zahlen zwischen 1 und 9, d.h. $B = \{2; 4; 6; 8\}$. □

Hinter einem senkrechten Strich in einer Mengenklammer können einschränkende Bedingungen festgelegt werden. Statt eines senkrechten Strichs steht oft auch ein Doppelpunkt.

Beispiele:
$A = \{x \in \mathbb{N} \mid 4 \leq x < 7\} = \{4; 5; 6\} = \{6; 4; 5\}$

Die Menge A enthält alle natürlichen Zahlen (Definition von $\mathbb{N}$ und weiterer Mengen siehe Abschnitt 1.1.2), die kleiner als 7 und größer oder gleich 4 sind. Die Reihenfolge der Aufzählung der Elemente einer Menge ist ohne Belang. Die erste Darstellung von A heißt **beschreibende Form**, die zweite und dritte Darstellung ist die **aufzählende Form**.

$B = \{x \in \mathbf{N} \mid x^2 - 1 = 0\} = \{1\}$

Die Menge B enthält nur das Element '1', obwohl '–1' auch eine Lösung der Gleichung $x^2 - 1 = 0$ ist. Da x eine natürliche Zahl sein soll, bleibt nur die eine Lösung.

$G = \{x \mid x = 2 \cdot n;\ n \in \mathbf{N}\}$

Die Menge G stellt alle (positiven) geraden Zahlen dar.

$H = \{\ \}$

Die Menge H enthält kein Element. Die Menge der Schnittpunkte zweier parallelen Geraden ist eine leere Menge.

□

Die **leere Menge** ist eine Menge, die kein Element enthält. Sie wird mit $\{\ \}$ oder mit $\emptyset$ gekennzeichnet.

Es seien E und F zwei Mengen. E ist **Teilmenge** von F (geschrieben $E \subset F$), wenn jedes Element $x \in E$ auch Element von F ist. E ist **echte Teilmenge** von F, wenn jedes Element $x \in E$ auch Element von F ist und wenn E ungleich F ist.[1]
Ist E Teilmenge von F, so heißt F **Obermenge** von E.
Zwei Mengen E und F sind gleich, wenn sie aus denselben Elementen bestehen, d.h. $E \subset F$ und $F \subset E$.

Beispiele:
$\{-3;\ -2;\ -1\} \subset \{-3;\ -2;\ -1;\ 0;\ 1\}$, $\{-3;\ -2;\ -1;\ 0\} \subset \{-3;\ -2;\ -1;\ 0\}$.
$\{x \in \mathbf{N} \mid 4 \leq x < 7\} \subset \{1;\ 2;\ 3;\ 4;\ 5;\ 6;\ 7\}$.

□

Im Folgenden werden noch einige spezielle Mengen aufgeführt.

1.1.2 Spezielle Mengen

Die **natürlichen Zahlen:** $\mathbf{N} = \{1;\ 2;\ 3;\ 4;\ ....\}$ bzw. $\mathbf{N_0} = \{0;\ 1;\ 2;\ 3;\ ...\}$. [2]

Oft wird die Menge **N** auch mit ℕ, also mit einem N und einem senkrechten Strich bezeichnet. Wir wollen uns in diesem Buch aber auf **N** festlegen. Entsprechendes gilt in der Schreibweise auch für die folgenden Mengen.

---

[1] Auch üblich: $\subseteq$ für Teilmenge und $\subset$ für echte Teilmenge.
[2] Auch üblich: $\mathbf{N} = \{0;\ 1;\ 2;\ 3;\ 4;\ ....\}$ und $\mathbf{N^*} = \{1;\ 2;\ 3;\ 4;\ ...\}$ (nach DIN 5473).

1.1 Mengen

Die ganzen Zahlen: $\mathbf{Z} = \{...; -3; -2; -1; 0; 1; 2; 3; ...\}$.

Die rationalen Zahlen: $\mathbf{Q} = \left\{ \dfrac{a}{b} \mid a \in \mathbf{Z}; b \in \mathbf{N} \right\}$.

In der Menge der rationalen Zahlen sind also alle Zahlen enthalten, die sich als Bruch darstellen lassen. Alle nach dem Komma abbrechenden oder periodischen Dezimalzahlen sind in **Q** enthalten, da sie sich als Bruch darstellen lassen, vgl. Abschnitt 1.3 Teil (d).

Die natürlichen, die ganzen und die rationalen Zahlen sind jeweils **abzählbar unendliche**[1] Zahlenmengen.

Die irrationalen Zahlen: **I**

Die Menge der irrationalen Zahlen enthält alle Dezimalzahlen, die unendlich viele Nachkommastellen haben, die aber nicht periodisch sind, z.B. $\sqrt{2} \in \mathbf{I}; \pi \in \mathbf{I}$.

Die reellen Zahlen: $\mathbf{R} = \mathbf{Q} \cup \mathbf{I}$. [2]

Sie erhalten also die reellen Zahlen, falls Sie die Mengen der rationalen und die der irrationalen Zahlen vereinigen. Alle Zahlenmengen, die wir vor den reellen Zahlen beschrieben haben, sind in den reellen Zahlen enthalten. Es gilt also:

$\mathbf{N} \subset \mathbf{Z} \subset \mathbf{Q} \subset \mathbf{R}$ und $\mathbf{I} \subset \mathbf{R}$.

Die reellen Zahlen können Sie sich auch am Zahlenstrahl verdeutlichen. Jede reelle Zahl wird durch einen Punkt auf der Zahlengeraden dargestellt.

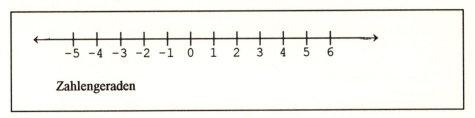

Zahlengeraden

---

[1] Man spricht von abzählbar unendlich vielen Objekten, wenn man sie mit den Zahlen 1, 2, 3, 4 usw. durchnummerieren kann, wobei die Nummerierung kein Ende nimmt.

[2] Die Vereinigung zweier Mengen ($\cup$) wird in Abschnitt 1.1.3 genauer beschrieben.

Der Nullpunkt teilt die Zahlengerade in **positive** und **negative** reelle **Zahlen** ein. Positive Zahlen liegen rechts (Schreibweise: x > 0), negative Zahlen links (Schreibweise: x < 0) vom Nullpunkt.

Eine reelle Zahl a ist **kleiner als** eine andere reelle Zahl b (Schreibweise: a < b), wenn a auf der Zahlengeraden links von b liegt. In gleicher Weise sind die Relationen **größer als**, **größer gleich** und **kleiner gleich** definiert.

Ordnungs-relation	Schreibweise		Bedeutung
<	a < b	a kleiner als b	b − a ist positiv
≤	a ≤ b	a kleiner gleich b	b − a ist positiv oder gleich 0
>	a > b	a größer als b	b − a ist negativ
≥	a ≥ b	a größer gleich b	b − a ist negativ oder gleich 0

Beispiele:
7 < 8   5 < 6   6 ≤ 6   5 > 0
−7 < 8   5 ≤ 6   2 > 1   5 ≥ 0

□

Eine reelle Zahl a heißt nichtpositiv, wenn a ≤ 0 gilt. Eine reelle Zahl heißt nichtnegativ, wenn a ≥ 0 gilt.

Die **komplexen Zahlen**: $\mathbf{C} = \{z \mid z = a + i \cdot b;\ a, b \in \mathbf{R}\}$.

Die Menge der komplexen Zahlen werden nicht alle unserer Leser im Rahmen Ihrer Schulzeit kennen gelernt haben. Diese Zahlenmenge wird im Kapitel 5 genauer behandelt. In der technischen Literatur wird für die imaginäre Einheit i meist das Zeichen j verwendet.

Bemerkung:
Wird das Symbol einer Zahlenmenge rechts oben mit dem Index '+' bzw. '−' versehen, werden hiermit die positiven bzw. negativen Zahlen dieser Menge definiert. Z.B. definiert $\mathbf{R}^+$ die positiven reellen Zahlen. Mit $\mathbf{R}_0^+$ bzw. $\mathbf{R}_0^-$ bezeichnen wir die nichtnegativen bzw. die nichtpositiven reellen Zahlen.

Spezielle Mengen reeller Zahlen sind die **Intervalle**:

1.1 Mengen

$[a; b] = \{x \in \mathbf{R} \mid a \leq x \leq b\}$ heißt abgeschlossenes Intervall. [1]
$[a; b) = \{x \in \mathbf{R} \mid a \leq x < b\}$ heißt rechtsseitig halboffenes Intervall.
$(a; b] = \{x \in \mathbf{R} \mid a < x \leq b\}$ heißt linksseitig halboffenes Intervall.
$(a; b) = \{x \in \mathbf{R} \mid a < x < b\}$ heißt offenes Intervall.

Bemerkung:
Wie Sie erkennen, ist bei einem abgeschlossenen Intervall die linke und die rechte Grenze noch enthalten, während bei einem offenen Intervall die Grenzen nicht enthalten sind.

Beispiele:
$(5; 8] = \{x \in \mathbf{R} \mid 5 < x \leq 8\} =]5; 8]$
$5 \notin (5; 8)$, aber $5 \in [5; 8)$. □

Betrachten Sie das Intervall von einer Zahl a bis ins Unendliche, so ist dieses auf der Seite, auf der das Intervall bis ins Unendliche reicht, offen:

$[a; \infty) = \{x \in \mathbf{R} \mid x \geq a\}$.

Dies gilt auch für den umgekehrten Fall: $(-\infty; a] = \{x \in \mathbf{R} \mid x \leq a\}$.

Beispiele:
$(5; \infty) = \{x \in \mathbf{R} \mid x > 5\}$,
$(-\infty; \infty) = \mathbf{R}$,
$(2,5; 4,5] = \{x \in \mathbf{R} \mid 2,5 < x \leq 4,5\}$. □

---

[1] Statt des Zeichens "(" wird auch das Zeichen "]" bzw. statt ")" das Zeichen "[" verwendet, z.B. (a; b) =]a; b[.

1.1.3 Mengen-Operatoren

Die Elemente der Mengen E und F sind Elemente einer Grundmenge G.

Die **Vereinigungsmenge zweier Mengen** ist wie folgt definiert:

$E \cup F = \{ x \mid x \in E \text{ oder } x \in F \}$

In der Vereinigung der Mengen E und F sind also alle Elemente der Menge E und der Menge F enthalten.

Beispiele:

$\{1; 5; 7; 8\} \cup \{1; 3; 7; 10\} = \{1; 3; 5; 7; 8; 10\}$

$\{x \in \mathbb{Z} \mid -2 \leq x \leq 5\} \cup \{x \in \mathbb{Z} \mid 3 \leq x < 10\} = \{x \in \mathbb{Z} \mid -2 \leq x < 10\}$

□

Die **Schnittmenge zweier Mengen** ist wie folgt definiert:

$E \cap F = \{x \mid x \in E \text{ und } x \in F\}$

In der Schnittmenge der Mengen E und F sind also alle Elemente enthalten, die sowohl in der Menge E, als auch in der Menge F, enthalten sind.

Beispiele:

$\{2; 9; 15; 20\} \cap \{2; 6; 15; 25\} = \{2; 15\}$

$\{x \in \mathbb{Z} \mid -4 \leq x \leq 8\} \cap \{x \in \mathbb{Z} \mid 5 < x < 15\} = \{x \in \mathbb{Z} \mid 5 < x \leq 8\}$

$\{2; 3; 4; 5\} \cap \{6; 7; 8\} = \{ \}$

□

Die **Differenzmenge (E ohne F)** ist wie folgt definiert:

$E \setminus F = \{x \mid x \in E \text{ und } x \notin F\}$

Beispiele:

$\{1; 2; 5; 7\} \setminus \{1; 5; 8\} = \{2; 7\}$

$\{x \in \mathbb{Z} \mid -4 \leq x \leq 10\} \setminus \{x \in \mathbb{Z} \mid 2 < x \leq 15\} = \{x \in \mathbb{Z} \mid -4 \leq x \leq 2\}$

□

1.1 Mengen

> Betrachtet man nur Teilmengen einer festen Menge G, so ist das Komplement bzw. die **Komplementärmenge** (bezüglich der Menge G) einer Menge F diejenige Menge, die alle Elemente aus G enthält, die nicht Element von F sind. Die Komplementärmenge wird mit $\overline{F}$ bezeichnet.

Beispiel:
Sei G = {1; 2; 3; 4; 5}, F = {1; 2; 3}. Dann gilt $\overline{F}$ = {4; 5}, da die Komplementärmenge von F alle Elemente von G enthält, die nicht in F sind. □

Die Differenzmenge E \ F unterscheidet sich von der Komplementärmenge $\overline{F}$ = G \ F, da bei der Differenzbildung E \ F die Menge F nicht Teilmenge von E zu sein braucht.

> Zwei Mengen E und F heißen **disjunkt** oder **fremd**, wenn sie keine Elemente gemeinsam haben, d.h., wenn E ∩ F = { }.

Beispiel:
Die Mengen {1; 2; 5; 7} und {3; 6; 8} sind disjunkt. □

Eine anschauliche Darstellung der Mengenoperationen ergibt sich, wenn die Mengen als Punktmengen in der Ebene dargestellt werden (Venn-Diagramm). Es sei E die Menge aller Punkte innerhalb der Kurve k1 und F die Menge aller Punkte innerhalb der Kurve k2. Dann ist die Menge E ∩ F die schraffierte Fläche:

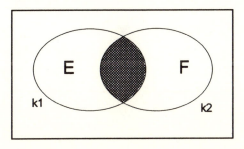

In den folgenden Abbildungen ist die schraffierte Fläche:

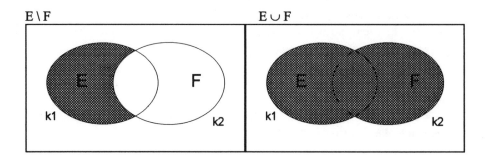

Für Mengen gelten zahlreiche Gesetze, wie beispielsweise

das Kommutativgesetz: $\quad E \cap F = F \cap E$,

das Assoziativgesetz: $\quad E \cap (F \cap G) = (E \cap F) \cap G$,

die Distributivgesetze: $\quad E \cup (F \cap G) = (E \cup F) \cap (E \cup G)$,
$\quad E \cap (F \cup G) = (E \cap F) \cup (E \cap G)$,

und die Gesetze von de Morgan: $\quad \overline{E \cap F} = \overline{E} \cup \overline{F}$,
$\quad \overline{E \cup F} = \overline{E} \cap \overline{F}$.

Mit Hilfe der Venn-Diagramme können Sie sich von der Richtigkeit dieser Gesetze überzeugen. Ferner gilt:

$E \cup \emptyset = E$ und $E \cup E = E$,

$E \cap \emptyset = \emptyset$ und $E \cap E = E$,

$E \cup (E \cap F) = E$.

↗ *Aufgabe 1*

1.2 Aussagen, Aussageformen, Quantoren

Eine **Aussage** beschreibt in Worten oder in Zeichen einen Sachverhalt. Sie ist entweder wahr oder falsch. Eine dritte Möglichkeit wird ausgeschlossen.

Beispiele:
a) $3 + 5 = 8$
b) 5 ist eine natürliche Zahl.
c) 4 ist eine ungerade natürliche Zahl.
d) $-5 \in \mathbf{N}$
e) Kapitel 1 dieses Buches befasst sich mit der Integralrechnung.
f) Es schneit.

a) und b) sind wahre Aussagen. Die Aussagen c) und d) sind falsch. Es gibt keine Aussage, die zugleich wahr und falsch ist. Satz f) stellt keine Aussage in dem hier definierten Sinne dar. Da weder Ort und Zeit angegeben sind, kann nicht entschieden werden, ob der Sachverhalt richtig oder falsch ist.

□

Eine **Aussageform** ist ein Gebilde, das eine Variable enthält und durch Ersetzen (Belegen) der Variablen durch geeignete Begriffe zu einer Aussage wird.

Beispiel:
$x + 10 = 15$ ist eine Aussageform. Nur für $x = 5$ entsteht eine wahre Aussage: $5 + 10 = 15$.

□

Sind A und B zwei Aussageformen. Dann schreibt man

$A \Rightarrow B$ (gesprochen: "aus A folgt B"), wenn bei jeder Belegung der Variablen in der Aussageform A, die zu einer wahren Aussage führt, auch B eine wahre Aussage ist.

$A \Leftrightarrow B$ (gesprochen: "A ist äquivalent zu B", "A genau dann, wenn B"), wenn
$\quad A \Rightarrow B$ und $B \Rightarrow A$.

Beispiele:
a) $x > 0$ und $x \in \mathbf{Z} \Rightarrow x \in \mathbf{N}$

b) Es gilt sogar: $x > 0$ und $x \in \mathbb{Z} \Leftrightarrow x \in \mathbb{N}$.
c) $x > 5 \Rightarrow x > 0$
d) Aber: $x > 0 \Rightarrow x > 5$ ist nicht richtig.

□

Exkurs:

In der Mathematik gibt es so genannte Quantoren. Es wird zwischen All- und Existenzquantoren unterschieden. **Allquantoren** werden wie folgt benutzt:

$$\forall_{x \in M} A(x)$$

Diese mathematische Formel bedeutet: Für alle x aus der Menge M gilt die Aussage A(x). Statt des Zeichens $\forall$ kann auch das Zeichen $\wedge$ verwendet werden.

Beispiel:

$$\forall_{x \in \mathbb{R}} x^2 \geq 0$$

d.h., für alle reellen Zahlen gilt, dass deren Quadrat größer oder gleich Null ist.

□

Existenzquantoren werden analog benutzt:

$$\exists_{x \in M} A(x)$$

Dieser Ausdruck bedeutet: Es existiert ein x aus der Menge M, für welches die Aussage A(x) gilt. Statt des Zeichens $\exists$ wird oft auch das Zeichen $\vee$ verwendet.

Beispiele:

$$\exists_{x \in \mathbb{N}} x - 1 = 5$$

Mit Hilfe von Quantoren kann auch die folgende Aussage dargestellt werden: Es existiert eine natürliche Zahl a, so dass für alle reellen Zahlen der Ausdruck $x^2 + 4 \geq a$ ist:

$$\exists_{a \in \mathbb{N}} \forall_{x \in \mathbb{R}} x^2 + 4 \geq a$$

□

↗ *Aufgabe 2*

1.3 Additions- und Multiplikationsgesetze

Folgende Gesetze zur Addition und Multiplikation reeller Zahlen sind wichtig:

Das **Kommutativgesetz**: $a + b = b + a$ bzw. $a \cdot b = b \cdot a$ gilt für alle $a, b \in \mathbf{R}$.

Das **Assoziativgesetz**: $(a + b) + c = a + (b + c)$ bzw. $(a \cdot b) \cdot c = a \cdot (b \cdot c)$ gilt für alle $a, b, c \in \mathbf{R}$.

Das **Distributivgesetz**: $a \cdot (b + c) = a \cdot b + a \cdot c$ gilt für alle $a, b, c \in \mathbf{R}$.

Bei der Multiplikation und Addition existieren **neutrale Elemente**. Verknüpfen Sie eine Zahl mit dem neutralen Element, ändert sich die Zahl nicht. Das neutrale Element bei der Addition ist die Zahl '0' und bei der Multiplikation die Zahl '1', denn

$a + 0 = a$ für alle $a \in \mathbf{R}$ bzw. $a \cdot 1 = a$ für alle $a \in \mathbf{R}$.

Außerdem gibt es zu jeder reellen Zahl ein **inverses Element**, sowohl bei der Addition, als auch bei der Multiplikation. (Ausnahme bei der Multiplikation: Zur Null gibt es kein inverses Element.) Verknüpfen Sie ein Element mit dessen Inversem, erhalten Sie das neutrale Element. Es gilt also:

$a + (-a) = 0$ für alle $a \in \mathbf{R}$ bzw. $a \cdot a^{-1} = 1$ für alle $a \in \mathbf{R} \setminus \{0\}$.

Sie können zu jeder reellen Zahl die entsprechende negative Zahl addieren und erhalten das neutrale Element. Z. B. gilt $5 + (-5) = 0$ und 0 ist, wie oben gezeigt, das neutrale Element der Addition. Die inverse Zahl bei der Multiplikation ist jeweils der Kehrwert der entsprechenden Zahl:

$5 \cdot 5^{-1} = 5 \cdot \dfrac{1}{5} = 1$. '1' ist das neutrale Element der Multiplikation.

Allgemeine Bemerkungen zum Rechnen mit Zahlen und Variablen:

(a) Bei der Multiplikation bzw. Division zweier reeller Zahlen a und b ist zu beachten, dass das Produkt bzw. der Quotient zweier Zahlen mit dem gleichen Vorzeichen eine Zahl mit einem positiven Vorzeichen ergibt. Sind beide Vorzeichen verschieden, so trägt das Ergebnis ein negatives Vorzeichen. Es gilt:

$(+a) \cdot (+b) = +ab$; $(-a) \cdot (+b) = -ab$; $(+a) \cdot (-b) = -ab$; $(-a) \cdot (-b) = +ab$.

Analoges gilt für die Division reeller Zahlen.

Zu erwähnen ist, dass $-a$ nicht negativ sein muss. Beispiel: Für $a = -5$ ergibt sich $-a = -(-5) = 5$, also eine positive Zahl.

Beispiele:

$5 \cdot (-4) = -20; \quad \dfrac{-3}{-5} = \dfrac{3}{5}; \quad \dfrac{3}{-5} = -\dfrac{3}{5}.$ □

(b) Zwei Brüche können nur addiert (bzw. subtrahiert) werden, wenn sie den gleichen Nenner besitzen. Im anderen Fall, müssen die Brüche so erweitert werden, dass sie den gleichen Nenner bekommen. Erweitern heißt, den Zähler und den Nenner mit der gleichen Zahl multiplizieren. Danach werden die Zähler addiert (bzw. subtrahiert) und der Nenner bleibt unverändert.

Beispiele:

$\dfrac{1}{4} + \dfrac{1}{8} = \dfrac{1 \cdot 2}{4 \cdot 2} + \dfrac{1}{8} = \dfrac{2}{8} + \dfrac{1}{8} = \dfrac{3}{8}.$

$\dfrac{3}{5} + \dfrac{4}{7} = \dfrac{21}{35} + \dfrac{20}{35} = \dfrac{41}{35} = 1\dfrac{6}{35}.$

Das Ergebnis des obigen Beispiels ist eine gemischte Zahl (ganze Zahl und Bruch). Um diese gemischte Zahl aus dem Bruch zu erhalten, ist zu prüfen, wie oft der Nenner bei einer Division in den Zähler passt. Diese Zahl wird dann vor den Bruch geschrieben und der Rest, der sich bei dieser Division ergibt, wird in den Zähler geschrieben. Wollen Sie diese gemischte Zahl wieder in einen reinen Bruch umwandeln, multiplizieren Sie die Zahl vor dem Bruch mit dem Nenner und zählen das Ergebnis zum Zähler hinzu:

$4\dfrac{5}{8} = \dfrac{5 + 4 \cdot 8}{8} = \dfrac{37}{8}.$

Aus dem Arabischen stammt folgende Geschichte: Ein Kaufmann hat in seinem Testament verfügt, dass der älteste Sohn die Hälfte, der zweitälteste ein Drittel und der jüngste Sohn ein Neuntel seiner Kamele erhalten soll. Nach dem Tod des Kaufmanns wollten die Söhne die Kamele ihres Vaters aufteilen. Er hatte 17 Kamele. Aber wie sollten sie aufteilen, ohne ein Kamel zu teilen? Deshalb wurde ein Experte, ein alter weiser Araber, herangezogen. Da Weisheit und Reichtum nur selten zusammen auftreten, besaß dieser nur ein Kamel. Nach kurzem Nachdenken nahm der Weise sein einziges Kamel und gab es den Söhnen, so dass sie insgesamt 18 Kamele hatten. Natürlich wusste er, dass die Söhne nichts dagegen hatten, da jeder von ihnen nun mehr bekäme. Von den 18 Kamelen bekam der älteste Sohn 9, der zweitälteste 6 und der jüngste Sohn 2 Kamele. Genau ein Kamel blieb übrig, das der weise Araber zurückerhielt.

Die mathematische Lösung: Die Summe der Brüche ist selbst ein Bruch und kleiner 1, nämlich $\dfrac{1}{2} + \dfrac{1}{3} + \dfrac{1}{9} = \dfrac{17}{18}$. Da die Differenz zwischen Zähler und Nenner gleich Eins ist, muss also genau ein weiteres Kamel hinzugefügt werden, damit die Division aufgeht.

□

1.3 Additions- und Multiplikationsgesetze

(c) Bei der Multiplikation zweier Brüche werden jeweils Zähler und Nenner beider Brüche multipliziert. Bei der Division zweier Brüche wird bei dem Bruch im Nenner der Kehrwert gebildet (Zähler und Nenner werden vertauscht). Danach wird der Bruch im Zähler mit dem Kehrwert des Nenner-Bruchs wie oben beschrieben multipliziert:

Beispiele:

$$\frac{5}{3} \cdot \frac{2}{9} = \frac{10}{27}; \qquad \frac{5}{7} : \frac{3}{8} = \frac{5}{7} \cdot \frac{8}{3} = \frac{40}{21} = 1\frac{19}{21}; \qquad \frac{\frac{5}{8}}{\frac{10}{4}} = \frac{5}{8} \cdot \frac{4}{10} = \frac{20}{80} = \frac{1}{4}.$$

Teilen Sie 50 durch ½ und zählen Sie 10 dazu! Die Antwort 35 ist verkehrt. Die Lösung ist nämlich 110.

□

(d) Die bisher behandelten Brüche heißen gemeine Brüche. Durch Ausdividieren lassen sie sich in **Dezimalbrüche** (auch **Dezimalzahlen** oder **Kommazahlen** genannt) umwandeln. Umgekehrt kann jede endliche oder periodische Dezimalzahl in einen Bruch umgewandelt werden.

Beispiele:

$$0{,}1 = \frac{1}{10}$$

$$0{,}25 = \frac{25}{100} = \frac{1}{4}$$

$$0{,}125 = \frac{125}{1000} = \frac{1}{8}$$

$$2{,}15 = \frac{215}{100} = \frac{43}{20} = 2\frac{3}{20}.$$

$$0{,}\overline{1} = \frac{1}{9}$$

$$0{,}\overline{3} = \frac{1}{3}$$

$$0{,}\overline{47} = \frac{47}{99}$$

$$0{,}\overline{1234} = \frac{137}{1110}$$

Die Umwandlung eines periodischen Dezimalbruchs erfolgt folgendermaßen:
$x = 0{,}\overline{47}$. Multiplizieren Sie die Gleichung mit 100, erhalten Sie: $100x = 47{,}\overline{47}$. Ziehen Sie jetzt von dieser Gleichung die erste Gleichung ab, erhalten Sie $99x = 47$. Also $x = \frac{47}{99}$. Analog folgt:

$x = 0{,}\overline{1234}$ <=> $1000x = 123{,}4\overline{234}$ <=> $999x = 123{,}3$ <=> $x = \frac{1233}{9990} = \frac{137}{1110}$.

Oder: $0{,}1\overline{234} = \frac{1}{10} + \frac{1}{10} \cdot \frac{234}{999} = \frac{999 + 234}{9990} = \frac{1233}{9990} = \frac{137}{1110}$.

□

↗ *Aufgabe 3*

1.4 Potenzen, Wurzeln und Logarithmen

1.4.1 Potenz- und Wurzelgesetze

$a^n = a \cdot a \cdot \ldots \cdot a$ heißt n-te Potenz von a, wobei $a \in \mathbf{R}$, $n \in \mathbf{N}$.
(n Faktoren)

Die eindeutig bestimmte positive Lösung x der Gleichung $x^n = a$ für $a \geq 0$, $n \in \mathbf{N}$, heißt n-te Wurzel aus a. Schreibweise: $x = \sqrt[n]{a}$ oder $x = a^{\frac{1}{n}}$. Ist n gleich 2, wird bei der Wurzel n weggelassen: $\sqrt{a}$.

Bei dem Ausdruck a^n wird a als **Basis** (Grundzahl) und n als **Exponent** (Hochzahl) benannt. Bei $\sqrt[n]{a}$ heißt a **Radikand** und n **Wurzelexponent**.

Beispiele:
$5^4 = 5 \cdot 5 \cdot 5 \cdot 5 = 625$.
$\sqrt{16} = \sqrt[2]{16} = 4$. Das Ergebnis ist 4 und nicht ±4. □

Bemerkung:
Für ungerade Wurzelexponenten n sind auch negative Radikanden zulässig. Beispiel: $\sqrt[3]{-8} = -\sqrt[3]{8} = -2$.

Es gelten folgende Rechenregeln für Potenzen (m, n $\in \mathbf{N}$, a, b $\in \mathbf{R}$):

(0) $a^0 = 1$

(1) $a^m \cdot a^n = a^{m+n}$

(2) $\dfrac{a^n}{a^m} = a^{n-m}$ ($a \neq 0$)

(3) $\dfrac{1}{a^n} = a^{-n}$ ($a \neq 0$)

(4) $\left(a^n\right)^m = a^{n \cdot m}$

(5) $(a \cdot b)^n = a^n \cdot b^n$ bzw. $\left(\dfrac{a}{b}\right)^n = \dfrac{a^n}{b^n}$ ($b \neq 0$)

1.4 Potenzen, Wurzeln und Logarithmen

Es gelten folgende Rechenregeln für Wurzeln (m, n $\in$ **N**; a, b $\in$ **R**; a$\geq$0, b$\geq$0):

(6) $\sqrt[m]{a^n} = a^{n/m}$

(7) $\sqrt[m]{a} \cdot \sqrt[m]{b} = \sqrt[m]{a \cdot b}$

Bemerkungen:

- Im Falle von a > 0 und b > 0 gelten die Potenzregeln sogar für beliebige reelle Exponenten m und n.

- (3) leitet sich direkt von (2) ab, denn $\frac{1}{a^n} \stackrel{(0)}{=} \frac{a^0}{a^n} = a^{0-n} = a^{-n}$.

- Die Umrechnung: $\sqrt{-a} = (-a)^{\frac{1}{2}} = (-a)^{\frac{2}{4}} = \sqrt[4]{(-a)^2} = \sqrt[4]{a^2} = a^{\frac{2}{4}} = \sqrt{a}$ ist für a $\neq$ 0 falsch, da die Potenzgesetze bei rationalem Exponenten nur für eine positive Basis uneingeschränkt gültig sind. Es kann jedoch nur a oder -a positiv sein.

- Es gilt für a$\in$**R** nicht $\sqrt{a^2} = a$, denn nach der Definition ist die Wurzel aus einer Zahl immer derjenige positive Wert, der potenziert die ursprüngliche Zahl ergibt. Es gilt daher

$$\sqrt{a^2} = \begin{cases} a & \text{für } a \geq 0 \\ -a & \text{für } a < 0 \end{cases} = |a| \qquad \text{z.B. } \sqrt{(-5)^2} = 5.$$

wobei $|a|$ der Betrag der Zahl a ist, vgl. Seite 47.

Beispiele:

Zu (1): $\qquad a^5 \cdot a^3 = a^{5+3} = a^8$

Zu (2): $\qquad \frac{a^5}{a^3} = a^{5-3} = a^2 \quad (a \neq 0)$

Zu (1) / (2): $\qquad \frac{a^7 \cdot a^4}{a^3} = \frac{a^{11}}{a^3} = a^8 \quad (a \neq 0)$

Zu (1) / (2): $\qquad \frac{a^4 \cdot a^2}{a^{-3}} = \frac{a^6}{a^{-3}} = a^{6-(-3)} = a^{6+3} = a^9 \quad (a \neq 0)$

Zu (3): $\qquad 10^{-3} = \frac{1}{10^3} = 0{,}001; \quad 4^{-1} = \frac{1}{4^1} = 0{,}25$

Zu (4): $\qquad (2^4)^3 = 2^{4 \cdot 3} = 2^{12}; \quad (a^4)^{-3} = a^{4 \cdot (-3)} = a^{-12} \quad (a \neq 0)$

Zu (5): $\qquad (a \cdot b)^5 = a^5 \cdot b^5$

Zu (5) / (4): $\left(a^3 \cdot b^7\right)^2 = a^6 \cdot b^{14}$

Zu (6): $\sqrt[4]{a^{12}} = a^{12/4} = a^3$; $\sqrt[4]{a} = a^{1/4}$; $\sqrt[3]{\sqrt{a}} = a^{\frac{1}{6}} = \sqrt[6]{a}$ $(a > 0)$

□

Mit Variablen kann wie folgt gerechnet werden:

$8(2a - 3b) - 4(a - 7b) = 16a - 24b - 4a + 28b = 12a + 4b$

$(2a^2 + 5b^3)(4a^3 - 3b^5) = 8a^5 - 6a^2b^5 + 20a^3b^3 - 15b^8$

$2a^3(-5)b^7(-1)a^2(-2)b^5 = -20a^5b^{12}$

$2a^2b - 5ab + 7ab^2 - 10a^2b + 5 + b^2 + 8ab = 3ab - 8a^2b + 7ab^2 + 5 + b^2$

$$\frac{5a^2b^3}{2x^5y} \cdot \frac{8x^7y^5}{15ab^2} = \frac{4abx^2y^4}{3}$$

Dabei ist zu beachten, dass das Multiplikationszeichen oft weggelassen wird: $8(a + b) = 8 \cdot (a + b)$.

Gemeinsame Faktoren können ausgeklammert werden.

Beispiele:
$2x^2 - 5x = x(2x - 5)$

$x - x^2 = x(1 - x)$

$5a^4 - 20a^7 + 35a^{10} = 5a^4(1 - 4a^3 + 7a^6)$

$2a^2b - 6ab^2 = 2ab(a - 3b)$

□

Es gilt **nicht**:

$$\frac{1}{a+b} = \frac{1}{a} + \frac{1}{b}.$$

↗ *Aufgabe 4*

1.4.2 Logarithmengesetze

Gilt für a > 0, b > 0 und a ≠ 1 die Gleichung

$$a^x = b,$$

heißt der **Exponent** x auch **Logarithmus** von b zur **Basis** a. Die Schreibweise:

$$x = \log_a b \ .$$

In der Mathematik werden am häufigsten Logarithmen zur Basis 10 und Logarithmen zur Basis e verwendet. e ist die Abkürzung für die Euler'sche Zahl e = 2,71828182845... . Statt $\log_e$ wird kurz **ln** und statt $\log_{10}$ kurz **lg** geschrieben. Der Logarithmus zur Basis 10 wird auch **Zehnerlogarithmus, dekadischer Logarithmus** oder **Briggs'scher Logarithmus**, der Logarithmus zur Basis e auch **natürlicher Logarithmus (Logarithmus naturalis)** genannt. Der Zehnerlogarithmus wird in vielen Programmsystemen oder auf dem Taschenrechner mit LOG bezeichnet.

Beispiele:
- $\log_5 125 = 3$. Der Logarithmus von 125 zur Basis 5 ist 3, denn 5^3 ergibt 125.
- Mit einem Taschenrechner erhalten Sie für ln(2) den Wert 0,693147.
- Mit einem Taschenrechner erhalten Sie für lg(2) den Wert 0,301030. □

Es gelten folgende Gesetze (a, b, c > 0, a ≠ 1; d ∈ **R**)

(0) $\log_a(a) = 1; \log_a(1) = 0$

(1) $\log_a(b \cdot c) = \log_a(b) + \log_a(c)$

(2) $\log_a\left(\dfrac{b}{c}\right) = \log_a(b) - \log_a(c)$

(2a) $\log_a\left(\dfrac{1}{c}\right) = -\log_a(c)$

(3) $\log_a\left(b^d\right) = d \cdot \log_a(b)$

(4) $\log_b(c) = \dfrac{\log_a(c)}{\log_a(b)}$ (b ≠ 1)

Bemerkungen:
Da sich häufig auf dem Taschenrechner nur die beiden oben erwähnten speziellen

Logarithmen befinden, müssen Sie Formel (4) anwenden, um z.B. den Logarithmus von 40 zur Basis 5 zu berechnen: $\log_5(40) = \dfrac{\log_a(40)}{\log_a(5)}$, wobei a dann die Zahl 10 oder die Zahl e ist.

Beispiele:
Zu (1) / (0): $\log_{10}(50) = \log_{10}(10 \cdot 5) = \log_{10}(10) + \log_{10}(5) = 1 + \log_{10}(5)$

Zu (2) / (1): $\log_a\left(\dfrac{c \cdot d}{e \cdot f}\right) = \log_a(c \cdot d) - \log_a(e \cdot f) = \log_a(c) + \log_a(d) - \left(\log_a(e) + \log_a(f)\right) = \log_a(c) + \log_a(d) - \log_a(e) - \log_a(f)$

Zu (3) / (0): $\log_a(a^d) = d \cdot \log_a(a) = d \cdot 1 = d$ □

Die Logarithmengesetze können auch zum Lösen von Gleichungen verwendet werden, bei denen der Exponent gesucht wird. Soll z.B. die Gleichung $2^x = 4$ nach x aufgelöst werden, können Sie x noch erraten. In unserem Fall wäre x = 2, denn $2^2 = 4$. Soll aber die Gleichung $5^x = 15$ nach x aufgelöst werden, können Sie x nicht direkt erraten. Die Gleichung kann nach x aufgelöst werden, falls Sie den Logarithmus zur Basis 5 zur Verfügung haben. Dieser könnte dann auf beide Seiten der Gleichung angewendet werden:

$\log_5(5^x) = \log_5(15)$. Daraus folgt mit (3): $x \cdot \log_5(5) = \log_5(15)$ und mit (0):

$x \cdot 1 = \log_5(15)$ und somit: $x = \log_5(15)$.

Da aber der Logarithmus zur Basis 5 nicht auf jedem Taschenrechner zur Verfügung steht, ist nun obige Formel (4) zu verwenden. Es kann aber auch ein anderer Logarithmus auf beide Seiten angewendet werden. Wir wählen den natürlichen Logarithmus (ln), womit gilt:

$\ln(5^x) = \ln(15) \Leftrightarrow x \cdot \ln(5) = \ln(15) \Leftrightarrow x = \dfrac{\ln(15)}{\ln(5)} = 1{,}683$.

Beispiele:
$1 = e^x \Leftrightarrow \ln(1) = \ln(e^x) \Leftrightarrow 0 = x \cdot \ln(e) \Leftrightarrow 0 = x$.
$2^{x+1} = 20 \Leftrightarrow (x+1) \cdot \ln(2) = \ln(20) \Leftrightarrow x + 1 = \dfrac{\ln(20)}{\ln(2)} \Leftrightarrow x = \dfrac{\ln(20)}{\ln(2)} - 1 = 3{,}322$. □

↗ *Aufgabe 5*

1.5 Folgen, Summen und Produkte

> Unter einer **Zahlenfolge** (oft nur kurz Folge genannt) versteht man eine Menge von Zahlen
>
> $a_1, a_2, a_3, a_4, \ldots$
>
> die in einer bestimmten Reihenfolge angeordnet sind. Die einzelnen Zahlen nennt man Glieder der Folge. Ist die Anzahl der Glieder einer Folge endlich, nennt man die Folge eine endliche Folge, andernfalls eine unendliche Folge.
> Für eine Folge gibt es auch die Schreibweise: $\{a_k\}_{k \in N}$. Das erste Folgenglied kann auch mit a_0 bezeichnet werden. a_k "läuft" dann von $k = 0, 1, 2, \ldots$

Beispiele:

2, 4, 7, 11, 16, 22 ist eine endliche Folge mit $a_1 = 2$; $a_2 = 4$; ... ; $a_6 = 22$.

2, 4, 7, 11, 16, 22, 29, 37, ... ist eine unendliche Folge. Das Bildungsgesetz können Sie leicht erkennen: Um zum nächsten Folgenglied zu gelangen, addieren Sie erst 2, dann 3, dann 4 usw. zum vorherigen Folgenglied, d.h. $2 + 2 = 4$; $4 + 3 = 7$; $7 + 4 = 11$; $11 + 5 = 16$; $16 + 6 = 22$ usw.

$a_k = \dfrac{1}{k}$, $k \in N$. Dies ist das Bildungsgesetz für die Folge 1, ½, ... □

> Sei $a_1, a_2, a_3, a_4, \ldots$ eine Zahlenfolge. Dann heißt
>
> $s_1 = a_1$
> $s_2 = a_1 + a_2$
> $s_3 = a_1 + a_2 + a_3$
> ...
> $s_n = a_1 + a_2 + a_3 + \ldots + a_n = \displaystyle\sum_{k=1}^{n} a_k$, $n \in N$,
>
> die Folge der Teilsummen. Statt Teilsummen wird meist die Bezeichnung **Reihe** verwendet. Das Zeichen Σ dient als **Summenzeichen**. Oberhalb des Summenzeichens wird der Index des letzten Summanden, unterhalb des Summenzeichens der des ersten Summanden angegeben. Gesprochen wird dies: Summe von $k = 1$ bis n über a_k. k heißt auch **Laufindex** oder auch **Summationsindex**.

Beispiel:

Es sei $a_k = 3^k$; $k \in \mathbf{N}$. Dann gilt: $s_n = 3^1 + 3^2 + 3^3 + \ldots + 3^n = \sum_{k=1}^{n} 3^k$.

Für n = 5 ergibt sich

$s_5 = 3^1 + 3^2 + 3^3 + 3^4 + 3^5 = \sum_{k=1}^{5} 3^k = 3 + 9 + 27 + 81 + 243 = 363$. □

Hinweis:
Wenn die Folge bei k = 0 beginnt, muss natürlich auch die Summe von k = 0 beginnend ermittelt werden.

Beispiele:

$\sum_{k=0}^{5} 3^k = 1 + 3 + 9 + 27 + 81 + 243 = 364$, $\quad \sum_{k=2}^{4} k^2 = 2^2 + 3^2 + 4^2 = 29$,

$\sum_{k=1}^{5} 7 = 7 + 7 + 7 + 7 + 7 = 35$. □

Wenn keine Summen, sondern Produkte gebildet werden, gilt das Entsprechende:

$3^1 \cdot 3^2 \cdot 3^3 \cdot 3^4 \cdot 3^5 = \prod_{k=1}^{5} 3^k = 3^{15} = 14\,348\,907$.

$\prod_{k=1}^{5} 3^k$ wird gesprochen: Produkt von k gleich 1 bis 5 über 3^k.

$1 \cdot 2 \cdot 3 \cdot 4 \cdot \ldots \cdot 9 \cdot 10 = \prod_{k=1}^{10} k = 3\,628\,800$.

Für das Produkt der ersten zehn natürlichen Zahlen gibt es eine Abkürzung, nämlich 10! (gesprochen: Zehn **Fakultät**). Allgemein bedeutet n! das Produkt der ersten n natürlichen Zahlen, also gilt:

$n! = 1 \cdot 2 \cdot 3 \cdot 4 \cdot \ldots \cdot (n-1) \cdot n \quad$ für $n \in \mathbf{N}$ und

$0! = 1$.

↗ *Aufgabe 6*

1.6 Binomische Formel

Es gilt:

(1) $(a + b)^2 = a^2 + 2ab + b^2$

(2) $(a - b)^2 = a^2 - 2ab + b^2$

(3) $(a + b)(a - b) = a^2 - b^2$

Beispiele:

$(x + 3)^2 = x^2 + 2 \cdot 3 \cdot x + 3^2 = x^2 + 6x + 9$;

$(x - 2y)^2 = x^2 - 2 \cdot x \cdot (2y) + (2y)^2 = x^2 - 4xy + 4y^2$;

$(x^3 + 5y^2)(x^3 - 5y^2) = (x^3)^2 - (5y^2)^2 = x^6 - 25y^4$.

□

Mit Hilfe des Pascal'schen Dreiecks lässt sich die binomische Formel auf beliebige Potenzen übertragen:

Das Pascal'sche Dreieck:

```
                              Spaltennummer
                                    0
                                 ↙  1
                                  ↙  2                        Zeile
                          1         ↙ .                         0
                        1   1              .                    1
                      1   2   1                .                2
                    1   3   3   1                               3
                  1   4   6   4   1              k              4
                1   5  10  10   5   1           ↙    .          5
              1   6  15  20  15   6   1              .          6
            1   7 ................ 7   1                        7

        1 ........................................... 1        n
```

Wie zu sehen ist, befinden sich am Rand des Pascal'schen Dreiecks nur Einsen. Die Elemente innerhalb des Dreiecks ergeben sich durch Addition der beiden Elemente links und rechts über dem entsprechenden Element. Die Zahlen im Dreieck nennt man **Binomialkoeffizienten**. Jede Zeile des Pascal'schen Dreiecks enthält nun die Faktoren für die binomische Formel zu einer entsprechenden Potenz. Hierbei enthält die erste Zeile die Faktoren für die Potenz Null (n = 0), die zweite Zeile enthält die Faktoren für die Potenz Eins (n = 1) usw. Die Faktoren für die Potenz Zwei (n = 2) sind '1 2 1'.

Es gilt nun für $(a + b)^n$; $n \in \mathbb{N}_0$:

$n = 0$: $(a + b)^0 = 1$
$n = 1$: $(a + b)^1 = 1 \cdot a + 1 \cdot b = a + b$
$n = 2$: $(a + b)^2 = 1 \cdot a^2 + 2 \cdot a \cdot b + 1 \cdot b^2 = a^2 + 2ab + b^2$
$n = 3$: $(a + b)^3 = 1 \cdot a^3 + 3 \cdot a^2 \cdot b + 3 \cdot a \cdot b^2 + 1 \cdot b^3 = a^3 + 3a^2b + 3ab^2 + b^3$
$n = 4$: $(a + b)^4 = 1 \cdot a^4 + 4 \cdot a^3 \cdot b + 6 \cdot a^2 \cdot b^2 + 4 \cdot a \cdot b^3 + 1 \cdot b^4$
$= a^4 + 4a^3b + 6a^2b^2 + 4ab^3 + b^4$

Die binomische Formel beginnt jeweils mit der größten Potenz, die auf die erste Variable (a) angewendet wird. Danach nimmt jeweils die Potenz um eins ab und die Potenz für die zweite Variable (b) nimmt um eins zu. Steht zwischen beiden Variablen ein Minuszeichen, wechselt das Vorzeichen jeweils, wobei mit dem positiven Vorzeichen begonnen wird.

Beispiele:
$(a + b)^3 = a^3 + 3a^2b + 3ab^2 + b^3$

$(a - b)^3 = a^3 - 3a^2b + 3ab^2 - b^3$

$(2x - 3y^2)^3 = 1 \cdot (2x)^3 - 3 \cdot (2x)^2 \cdot (3y^2) + 3 \cdot (2x) \cdot (3y^2)^2 - 1 \cdot (3y^2)^3$
$= 8x^3 - 36x^2y^2 + 54xy^4 - 27y^6$

□

Exkurs:

Die Zahlen im Pascal'schen Dreieck können auch direkt ermittelt werden. Nummerieren wir die Zeilen mit 0, 1, 2, 3 usw. und die Zahlen in den Zeilen mit 0, 1, 2 usw. und bezeichnen mit $\binom{n}{k}$ (gesprochen n über k) die k-te Zahl in der n-ten Zeile.

Beispielsweise ist $\binom{6}{2}$ die Zahl 15; nämlich die Zahl in der Zeile 6 und Spalte 2. Zu beachten ist dabei, dass die Zählung jeweils von Null beginnt. Es kann gezeigt werden:

1.6 Binomische Formel

Für den Binomialkoeffizienten gilt:

$$\binom{n}{k} = \frac{n \cdot (n-1) \cdot (n-2) \cdot \ldots \cdot (n-k+1)}{1 \cdot 2 \cdot 3 \cdot \ldots \cdot (k-1) \cdot k} = \frac{n!}{k!(n-k)!} \quad \text{für } k, n \in \mathbb{N} \text{ und } 0 < k \leq n.$$

$$\binom{n}{0} = 1 \quad \text{für alle } n \in \mathbb{N}.$$

Beispiele:

$\binom{5}{0} = 1; \quad \binom{7}{2} = 21; \quad \binom{7}{5} = 21.$ □

Mit dem Pascal'schen Dreieck können Sie sich leicht verdeutlichen, dass gilt:

$$\binom{n}{k} = \binom{n}{n-k},$$

$$\binom{n}{k-1} + \binom{n}{k} = \binom{n+1}{k}.$$

Beispiele:

$\binom{7}{2} = \binom{7}{5}; \quad \binom{7}{2} + \binom{7}{3} = \binom{8}{3}.$ □

Drückt man die binomische Formel mit Hilfe des Summenzeichens aus, gilt:

$$(a+b)^n = \sum_{k=0}^{n} \binom{n}{k} a^{n-k} b^k \quad \text{für alle } a, b \in \mathbb{R} \setminus \{0\} \text{ und } n \in \mathbb{N}.$$

↗ *Aufgabe 7*

1.7 Trigonometrie

Die trigonometrischen Definitionen und Eigenschaften können an einem Kreis mit dem Radius r = 1 (genannt Einheitskreis) veranschaulicht werden:

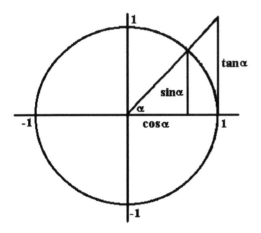

Zunächst soll das rechtwinklige Dreieck innerhalb des Kreises betrachtet werden: Zu jedem Winkel α kann an dem Dreieck $\sin(\alpha)$ und $\cos(\alpha)$ abgelesen werden. Die Dreiecksseite gegenüber dem rechten Winkel (die Hypotenuse) hat hierbei immer die Länge r = 1. Die anderen beiden Seiten sind die Katheten, wobei die an dem Winkel α anliegende Seite Ankathete und die andere Gegenkathete genannt wird. Der Kosinus des Winkels α entspricht dann der Länge der Ankathete und der Sinus entspricht der Länge der Gegenkathete.

Wird die Hypotenuse verlängert und parallel zur Gegenkathete eine Tangente an den Einheitskreis gelegt, so kann an dieser der Tangens des Winkels α bestimmt werden, denn der Tangens entspricht der Länge der Tangentenstrecke vom Punkt (1;0) bis zum Schnittpunkt der Tangente mit der verlängerten Hypotenuse. Dies

1.7 Trigonometrie

lässt sich mit dem Strahlensatz[1] zeigen, denn der Tangens entspricht dem Quotient aus der Gegenkathete und Ankathete und somit dem Quotienten aus dem Sinus und dem Kosinus. Es gilt:

$$\frac{\sin(\alpha)}{\cos(\alpha)} = \frac{\tan(\alpha)}{1} = \tan(\alpha)$$

Wenden Sie am Einheitskreis den **Satz des Pythagoras** an, der besagt, dass in einem rechtwinkligen Dreieck das Quadrat der Länge der Hypotenuse gleich der Summe der Quadrate der Längen der beiden Katheten ist (also in einem Dreieck mit c als Hypotenuse gilt: $c^2 = a^2 + b^2$), ergibt sich ein interessanter Zusammenhang zwischen dem Sinus und dem Kosinus, denn es gilt für alle α:

$$(\sin(\alpha))^2 + (\cos(\alpha))^2 = 1^2 = 1 \quad \text{bzw.} \quad \sin^2\alpha + \cos^2\alpha = 1.$$

Die trigonometrischen Funktionen können sich auch anstatt auf den Winkel α in Grad auf den Kreisbogenausschnitt b im Einheitskreis beziehen. Man spricht hierbei vom **Bogenmaß**. Es gilt $360° \,\hat{=}\, 2\pi$ (= Umfang des Einheitskreises), womit Sie mit einfacher Dreisatzrechnung den Winkel α in das entsprechende Bogenmaß b umrechnen können:

$$\alpha = \frac{180°}{\pi} \cdot b \quad \text{bzw.} \quad b = \frac{\pi}{180°} \cdot \alpha$$

U.a. werden in technischen Bereichen (z.B. in der Elektrotechnik) die trigonometrischen Funktionen nicht auf den Winkel α, sondern auf das Bogenmaß b bezogen.

---

[1] Die Strahlensätze geben Aussagen über Streckenlängen, die beim Schnitt von Geraden mit Parallelen entstehen, z.B. $\dfrac{\overline{SP_1}}{\overline{SQ_1}} = \dfrac{\overline{SP_2}}{\overline{SQ_2}} = \dfrac{\overline{P_1P_2}}{\overline{Q_1Q_2}}$.

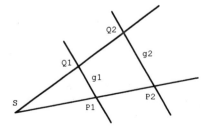

Kommen wir nun zur Berechnung von Seiten und Winkeln an einem Dreieck mit Hilfe der trigonometrischen Funktionen. In einem rechtwinkligen Dreieck gelten die folgenden Zusammenhänge:

$$\sin(\alpha) = \frac{\text{Gegenkathete}}{\text{Hypotenuse}} \qquad \tan(\alpha) = \frac{\text{Gegenkathete}}{\text{Ankathete}}$$

$$\cos(\alpha) = \frac{\text{Ankathete}}{\text{Hypotenuse}} \qquad \cot(\alpha) = \frac{\text{Ankathete}}{\text{Gegenkathete}}$$

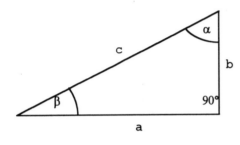

In einem rechtwinkligen Dreieck mit $\gamma = 90°$ gilt somit:
Die Hypotenuse, sie liegt gegenüber dem rechten Winkel, ist die Seite c. In Bezug auf α ist b die Ankathete und a die Gegenkathete. In Bezug auf β ist a die Ankathete und b die Gegenkathete, also gilt:

$$\sin(\alpha) = \frac{a}{c} \quad \sin(\beta) = \frac{b}{c}$$
$$\cos(\alpha) = \frac{b}{c} \quad \cos(\beta) = \frac{a}{c}$$
$$\tan(\alpha) = \frac{a}{b} \quad \tan(\beta) = \frac{b}{a}$$

Beispiele:
$\gamma = 90°$; $a = 2$ cm; $b = 4$ cm; $\alpha = ?$
$$\tan(\alpha) = \frac{a}{b} = \frac{2\text{cm}}{4\text{cm}} = 0{,}5 \Rightarrow \alpha = 26{,}565°.$$

$\gamma = 90°$; $\alpha = 50°$; $c = 3$ cm; $a = ?$
$$\sin(\alpha) = \frac{a}{c} \Rightarrow a = c\,\sin(\alpha) = \sin(50°)\cdot 3\text{cm} = 2{,}298\text{cm}.$$

$\gamma = 90°$; $\alpha = 20°$; $b = 5$ cm; $c = ?$
$$\cos(\alpha) = \frac{b}{c} \Rightarrow \cos(20°) = \frac{5\text{cm}}{c} \Rightarrow c = \frac{5\text{cm}}{\cos(20°)} = 5{,}321\text{cm}. \qquad \square$$

Wie bereits erwähnt, gilt in einem rechtwinkligen Dreieck der Satz des Pythagoras. Falls $\gamma = 90°$ ist, gilt also $c^2 = a^2 + b^2$, womit bei zwei bekannten Seiten die unbekannte dritte Seite berechnet werden kann:

1.7 Trigonometrie

$$c = \sqrt{a^2 + b^2} \qquad b = \sqrt{c^2 - a^2} \qquad a = \sqrt{c^2 - b^2}$$

Außerdem ist in jedem Dreieck die Winkelsumme gleich 180°:

$\alpha + \beta + \gamma = 180°$.

Kommen wir nun zu den Zusammenhängen in Dreiecken, in denen kein rechter Winkel vorhanden ist. Hier können der Sinussatz oder der Kosinussatz verwendet werden.

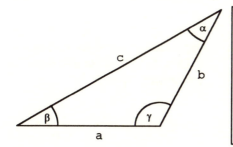

Der Sinussatz besagt, dass sich eine Seite in Relation zum Sinus des gegenüberliegenden Winkels genauso verhält, wie eine andere Seite zum Sinus deren gegenüberliegenden Winkels:

$$\frac{a}{\sin(\alpha)} = \frac{b}{\sin(\beta)} = \frac{c}{\sin(\gamma)}.$$

Beispiel:

$\alpha = 50°$; $\beta = 35°$; $a = 5\,\text{cm}$ und $b = ?$

$\dfrac{a}{\sin(\alpha)} = \dfrac{b}{\sin(\beta)} \Rightarrow b = \sin(\beta)\,\dfrac{a}{\sin(\alpha)}$. Also

$b = \sin(35°) \cdot \dfrac{5\,\text{cm}}{\sin(50°)} = 3{,}744\,\text{cm}$. □

Mit dem Kosinussatz kann, falls zwei Seiten und der eingeschlossene Winkel bekannt sind, die Länge der gegenüberliegenden Seite berechnet werden:

$a^2 = b^2 + c^2 - 2bc\cos(\alpha)$
$b^2 = a^2 + c^2 - 2ac\cos(\beta)$
$c^2 = a^2 + b^2 - 2ab\cos(\gamma)$

Falls die Seiten a und b und der Winkel γ gegeben sind, kann die Seite c berechnet werden, denn es gilt:

$$c^2 = a^2 + b^2 - 2ab\cos(\gamma) \quad |\sqrt{}$$
$$c = \sqrt{a^2 + b^2 - 2ab\cos(\gamma)}$$

Mit allen drei Seiten kann ein beliebiger Winkel berechnet werden.

Beispiel für γ:
$$c^2 = a^2 + b^2 - 2ab\cos(\gamma) \quad \Rightarrow \quad \cos(\gamma) = \frac{c^2 - a^2 - b^2}{-2ab}$$

Falls c = 5cm, a = 7cm und b = 4cm gilt:
$$\cos(\gamma) = \frac{(5cm)^2 - (7cm)^2 - (4cm)^2}{-2 \cdot 7cm \cdot 4cm} = \frac{5}{7} \Rightarrow \gamma = 44{,}415°.$$

↗ **Aufgabe 8**

2 Gleichungen und Ungleichungen mit einer Variablen

2.1 Lineare Gleichungen

Eine lineare Gleichung

$ax + b = 0 \quad$ mit $a \neq 0$

hat die Lösung

$x = -\dfrac{b}{a}$.

Verschiedene Arten von Gleichungen lassen sich auf lineare Gleichungen zurückführen.

Beispiel:
Gegeben sei die folgende Gleichung: $5x + 4 = 3x - 6$.

Die Lösung dieser Gleichung wird nicht verändert, wenn auf beiden Seiten der Gleichung die gleiche Zahl addiert, subtrahiert, multipliziert (jedoch nicht mit Null) oder dividiert (jedoch nicht durch Null) wird. Diese Erkenntnis können Sie sich zunutze machen, um die Gleichung zu lösen:

Wir subtrahieren auf beiden Seiten der Gleichung die Zahl 4, so dass diese auf der linken Seite der Gleichung verschwindet:

$5x + 4 = 3x - 6 \,|\, -4$

Es ergibt sich die Gleichung:

$5x = 3x - 10 \quad |\, -3x$

von der wir auf beiden Seiten $3x$ subtrahieren. Es folgt:

$2x = -10$

Durch Division beider Seiten der Gleichung mit der Zahl 2 erhalten Sie die Lösung:

$x = -5$

Somit ergibt sich die Lösungsmenge: $L = \{-5\}$. □

Weitere Beispiele unter Verwendung der reellen Zahlen:

$8x - 20 = 12x + 20$ $| +20$
$\quad 8x = 12x + 40$ $| -12x$
$\quad -4x = 40$ $| : (-4)$
$\quad\quad x = -10$.   Lösungsmenge: $\mathbf{L} = \{-10\}$.

$5x - 10 = 5x - 10$ $| +10$
$\quad 5x = 5x$ $| -5x$
$\quad\, 0 = 0$.

Diese Gleichung hat unendliche viele Lösungen. Die Lösungsmenge ist also die Menge der reellen Zahlen: $\mathbf{L} = \mathbf{R}$.

$8x - 5 = 8x + 10$ $| -8x$
$\quad -5 = 10$. Die Gleichung hat keine Lösung. Die Lösungsmenge ist leer: $\mathbf{L} = \{\}$.

$5x - 8 = 7x - 8$ $| +8$
$\quad 5x = 7x$ $| -7x$
$\quad -2x = 0$ $| : (-2)$
$\quad\quad x = 0$. Lösungsmenge: $\mathbf{L} = \{0\}$.

□

2.2 Bruchgleichungen

Bei Brüchen müssen diejenigen x-Werte aus dem Definitionsbereich (D) ausgenommen werden, bei denen der Nenner gleich Null werden würde. Sonst würde durch Null geteilt werden, was nicht zulässig ist.

Beispiele:
Gesucht sind alle Lösungen der Gleichung $\frac{4}{x} = 2$, wobei $x \in D = \mathbf{R} \setminus \{0\}$ sein darf.

$\frac{4}{x} = 2 \Rightarrow x = \frac{4}{2} = 2$.

Somit ergibt sich die Lösungsmenge, die nach dem Definitionsbereich zulässig ist:
$\mathbf{L} = \{2\}$.

Im nächsten Beispiel muss der Definitionsbereich wie folgt festgelegt werden:

$D = \mathbf{R} \setminus \{-1; 2\}$.
$\frac{1}{x+1} = \frac{2}{x-2}$ $| \cdot (x+1)(x-2)$

2.2 Bruchgleichungen

$$x - 2 = 2(x + 1)$$
$$x - 2 = 2x + 2 \quad | +2$$
$$x = 2x + 4 \quad | -2x$$
$$-x = 4 \quad | \cdot (-1)$$
$$x = -4, \text{ also } \mathbf{L} = \{-4\}. \qquad \square$$

Am Anfang dieses Kapitels wurde schon erwähnt, dass die Lösungsmenge einer Gleichung nicht verändert wird, wenn die beiden Seiten der Gleichung mit einer reellen Zahl multipliziert bzw. durch eine reelle Zahl geteilt werden; mit einer Ausnahme: Mit Null darf nicht multipliziert und durch Null darf nicht dividiert werden. Dazu ein

Beispiel:

Aufgabe: Gesucht ist die Lösungsmenge folgender Gleichung:

$$\frac{x+10}{x-6} - 3 = \frac{2x-28}{27-x}.$$

Lösung: Umformungen dieser Gleichung ergeben:

$$\frac{x+10-3(x-6)}{x-6} = \frac{2x-28}{27-x}$$

$$\frac{-2x+28}{x-6} = \frac{2x-28}{27-x}$$

$$\frac{2x-28}{6-x} = \frac{2x-28}{27-x}$$

$$\frac{1}{6-x} = \frac{1}{27-x}$$

$$6 - x = 27 - x$$

$$6 = 27 \qquad \text{Also: } \mathbf{L} = \{\}.$$

Wo liegt der Fehler? Die Lösungsmenge ist nicht die leere Menge, denn aus der dritten Gleichung folgt $x = 14$. Der Fehler entsteht durch Division durch Null (von der vierten zur fünften Gleichung). Die Lösungsmenge $\mathbf{L} = \{14\}$.

$\square$

↗ *Aufgabe 9*

2.3 Wurzelgleichungen

Eine Wurzelgleichung ist in der Mathematik nicht einheitlich definiert. Wir wollen von einer Wurzelgleichung sprechen, wenn die Unbekannte x im Radikanden einer Quadratwurzel auftritt. Eine direkte Auflösung ist nur in einfachen Fällen möglich. Ziel ist es dabei, die Wurzel, nachdem sie allein auf einer Seite der Gleichung steht, durch Quadrieren zu beseitigen. Über die Existenz und Anzahl von Lösungen lassen sich keine allgemein gültigen Aussagen treffen.

Beispiele:

Die Gleichung $4 + 3\sqrt{x+1} = 16$ soll gelöst werden. Durch einfache Umformungen erhalten Sie $\sqrt{x+1} = 4$. Da die Wurzel 4 sein soll, muss $x + 1 = 16$, also $x = 15$ sein. Probe: $4 + 3\sqrt{15+1} = 4 + 3\sqrt{16} = 16$. Also $L = \{15\}$.

Wir wollen nun die folgende Gleichung lösen:

$$\sqrt{x+5} - \sqrt{x+1} = 2\sqrt{x}.$$

Zunächst wird die Gleichung quadriert und umgeformt:

$$x + 5 - 2\sqrt{(x+5)(x+1)} + x + 1 = 4x$$

$$\sqrt{(x+5)(x+1)} = -x + 3.$$

Die Gleichung wird ein zweites Mal quadriert, ausmultipliziert und nach x aufgelöst:

$$(x+5)(x+1) = (3-x)^2$$
$$x^2 + 6x + 5 = x^2 - 6x + 9$$
$$12x = 4$$
$$x = \frac{1}{3}.$$

Probe: Setzen Sie die Lösung in die Ausgangsgleichung ein, erhalten Sie $\sqrt{\frac{16}{3}} - \sqrt{\frac{4}{3}} = \frac{4-2}{\sqrt{3}} = \frac{2}{\sqrt{3}} = 2\sqrt{\frac{1}{3}}.$ Somit ist ein Drittel eine Lösung. $L = \left\{\frac{1}{3}\right\}$.

Da sich im Allgemeinen beim Quadrieren von Wurzelgleichungen die Lösungsmenge ändert, gehört das Quadrieren einer Gleichung nicht zu den äquivalenten Umformungen. Die Probe ist deswegen unbedingt nötig.

□

↗ *Aufgabe 10*

2.4 Quadratische Gleichungen

Beispiel:
Gesucht ist die Lösung der Gleichung: $2x^2 - 8x - 10 = 0$.

Durch 2 geteilt ergibt sich $x^2 - 4x - 5 = 0$. Dies kann folgendermaßen umgeformt werden:

$x^2 - 4x = 5$

$x^2 - 4x + 4 = 5 + 4 = 9$.   Die linke Seite kann durch Anwendung der binomischen Formel als $(x-2)^2$ dargestellt werden.

$(x-2)^2 = 9$.   Das Wurzelziehen ergibt

$x - 2 = \pm\sqrt{9}$.

$x = 2 \pm \sqrt{9}$.   Damit ergeben sich die beiden Lösungen

$x_1 = 2 + \sqrt{9} = 5$ und $x_2 = 2 - \sqrt{9} = -1$.   □

Statt für jede Aufgabe die Lösung extra herzuleiten, können Sie auch folgende fertige Formel verwenden:

Die Lösungen der Gleichung $x^2 + px + q = 0$, $p, q \in \mathbb{R}$, sind

$$x_{1/2} = -\frac{p}{2} \pm \sqrt{\left(\frac{p}{2}\right)^2 - q}$$ (p-q-Formel)

Diese Formel lässt sich durch eine quadratische Ergänzung herleiten:

$x^2 + px + q = 0$ $\quad\quad |\, -q$

$x^2 + px = -q$ $\quad\quad |\, +\left(\frac{p}{2}\right)^2$

$x^2 + px + \left(\frac{p}{2}\right)^2 = -q + \left(\frac{p}{2}\right)^2$ $\quad\quad |\,$ Anwendung der binomischen Formel

$\left(x + \frac{p}{2}\right)^2 = -q + \left(\frac{p}{2}\right)^2$ $\quad\quad |\, \sqrt{}$

$x + \frac{p}{2} = \pm\sqrt{\left(\frac{p}{2}\right)^2 - q}$ $\quad\quad |\, -\frac{p}{2}$

$x = -\frac{p}{2} \pm \sqrt{\left(\frac{p}{2}\right)^2 - q}$

Wie zu sehen ist, können zwei Nullstellen, eine Nullstelle oder keine Nullstelle existieren, jeweils, wenn der Radikand $\left(\frac{p}{2}\right)^2 - q$ größer, gleich oder kleiner Null ist.

Beispiel:
Gesucht ist die Lösung der Gleichung $2x^2 - 8x - 10 = 0$. Um die p-q-Formel anwenden zu können, wird durch 2 geteilt: $x^2 - 4x - 5 = 0$. Also gilt: $p = -4$ und $q = -5$. Dann ergibt sich:

$$x_{1/2} = -\frac{p}{2} \pm \sqrt{\left(\frac{p}{2}\right)^2 - q} = -\frac{-4}{2} \pm \sqrt{\left(\frac{-4}{2}\right)^2 - (-5)} = 2 \pm \sqrt{2^2 + 5} = 2 \pm \sqrt{9}.$$

Somit sind $x_1 = 5$ und $x_2 = -1$ die Lösungen dieser quadratischen Gleichung. □

Tip:

Zum Überprüfen, ob die Lösungen einer quadratischen Gleichung $x^2 + px + q = 0$ korrekt ermittelt wurden, ist das Folgende nützlich (Satz von Vieta):

Die Summe der beiden Lösungen muss gleich $-p$,
das Produkt der beiden Lösungen gleich q sein.

Beispiel (Fortsetzung von oben):
Die Summe von 5 und -1 ist 4, also gleich $-p$. Das Produkt von 5 und -1 ist -5, also gleich q.

□

Die p-q-Formel setzt voraus, dass der Koeffizient vor dem Term x^2 immer eine 1 ist. Ist dies nicht der Fall, kann entweder die Gleichung durch diesen Koeffizienten geteilt werden (und anschließend die p-q-Formel verwendet werden) oder es kann die "abc-Formel" angewandt werden:

Die Lösungen der Gleichung $ax^2 + bx + c = 0$, $a, b, c \in \mathbf{R}, a \neq 0$, sind

$$x_{1/2} = \frac{-b \pm \sqrt{b^2 - 4ac}}{2a}.$$
(abc-Formel)

2.4 Quadratische Gleichungen

Beispiele:
Die Lösung der Gleichung $2x^2 - 8x - 10 = 0$ ist:

$$x_{1/2} = \frac{-(-8) \pm \sqrt{(-8)^2 - 4 \cdot 2 \cdot (-10)}}{2 \cdot 2} = \frac{8 \pm \sqrt{144}}{4} = 2 \pm 3.$$ Also $x_1 = 5$ und $x_2 = -1$.

Die Lösung der Gleichung $\frac{1}{4} x^2 - x + 5 = 0$ ist:

$$x_{1/2} = \frac{-(-1) \pm \sqrt{(-1)^2 - 4 \cdot \frac{1}{4} \cdot 5}}{2 \cdot \frac{1}{4}} = \frac{1 \pm \sqrt{-4}}{\frac{1}{2}}.$$

Es gibt keine reellen Lösungen, da die Wurzel aus einer negativen Zahl eine imaginäre Zahl ergibt, vgl. Kapitel 5.1.

□

↗ *Aufgabe 11*

2.5 Gleichungen dritten Grades

Eine Gleichung dritten Grades (auch kubische Gleichung) lautet in Normalform

$x^3 + ax^2 + bx + c = 0$

Sie kann maximal drei Nullstellen besitzen.

Ist $c = 0$, kann x ausgeklammert werden: $x(x^2 + ax + b) = 0$.
Damit ergibt sich die erste Nullstelle: $x_1 = 0$, denn ein Produkt ist genau dann Null, wenn einer der beiden Faktoren Null ist. Der Rest ist dann nur noch ein Polynom zweiten Grades, dessen Nullstellen wie oben beschrieben berechnet werden können. Dann erhalten wir die restlichen Nullstellen x_2 und x_3.

Ist $a = 0$ und $b = 0$, ergibt sich eine (reelle) Nullstelle $x_1 = \sqrt[3]{-c}$.

Sind a oder b von Null verschieden und ist c auch von Null verschieden, können Sie, falls Sie schon eine Lösung kennen, die **Polynomdivision** anwenden, um die restlichen Nullstellen zu bestimmen. Die Polynomdivision bedient sich der folgenden Eigenschaft von Polynomen: Sind x_1, x_2 und x_3 Nullstellen der Gleichung, so kann die linke Seite der Gleichung in **Linearfaktoren** $x - x_i$ zerlegt werden:

$x^3 + ax^2 + bx + c = (x - x_1)(x - x_2)(x - x_3)$

Wir stellen nun die Polynomdivision an folgendem **Beispiel** vor:

$x^3 + x^2 - 10x + 8 = 0$

Hier kann die erste Lösung durch Probieren bestimmt werden: $x_1 = 1$ ist eine Lösung. Nun kann mit der Polynomdivision begonnen werden, wobei die Funktion durch $x - x_1$, also durch $x - 1$, zu teilen ist. Die Polynomdivision wird wie eine gewöhnliche Division durchgeführt:

$$\begin{array}{l} (x^3 + x^2 - 10x + 8) : (x - 1) = x^2 + 2x - 8 \\ \underline{x^3 - x^2} \\ \quad\; 2x^2 - 10x \\ \quad\; \underline{2x^2 - 2x} \\ \qquad\quad -8x + 8 \\ \qquad\quad \underline{-8x + 8} \\ \qquad\qquad\qquad 0 \end{array}$$

Nun können die restlichen Nullstellen ($x^2 + 2x - 8 = 0$) mit der p-q-Formel bestimmt werden: Es ergeben sich $x_2 = 2$ und $x_3 = -4$. Wir können dann unser Polynom in Linearfaktoren zerlegen:

$x^3 + x^2 - 10x + 8 = (x - 1)(x - 2)(x + 4)$. □

Liegen Polynome vierten oder höheren Grades vor, muss die Polynomdivision mehrmals durchgeführt werden. Das Problem ist natürlich, erst einmal eine Nullstelle zu finden, um die Polynomdivision durchführen zu können.

Es gibt für kubische Gleichungen auch allgemeine Lösungsverfahren (Cardano'sche Formeln), die aber hier nicht besprochen werden.

↗ *Aufgabe 12*

2.6 Gleichungen beliebigen Grades

Der **Fundamentalsatz der Algebra** besagt, das jede Gleichung n-ten Grades

$a_n x^n + a_{n-1} x^{n-1} + \ldots + a_2 x^2 + a_1 x + a_0 = 0$

mit $a_0, a_1, a_2, \ldots, a_{n-1}, a_n \in \mathbf{R}$, $a_n \neq 0$, $n \in \mathbf{N}$,

unter Berücksichtigung der Vielfachheiten genau n Lösungen besitzt.

Diese Lösungen können reelle oder komplexe Zahlen (vgl. Kapitel 5) sein. Als wir in den vorangegangenen Abschnitten davon gesprochen haben, dass z.B. eine quadratische Gleichung keine Lösung besitzt, bezog sich diese Aussage auf reelle Lösungen.

Bis zu n = 4 gibt es allgemeine Lösungsschemata. Für Gleichungen ab n = 5 gibt es keine allgemeinen Formeln, die die Lösungen mit Hilfe von algebraischen Operationen (vier Grundrechenarten und Wurzelziehen) ausdrücken.

Bezeichnen wir die Lösungen mit $x_1, x_2, x_3, \ldots, x_n$, so gilt

$a_n x^n + a_{n-1} x^{n-1} + \ldots + a_2 x^2 + a_1 x + a_0 = a_n \cdot (x - x_1) \cdot (x - x_2) \cdot \ldots \cdot (x - x_n)$

Diese Formel wird Zerlegung in Linearfaktoren genannt.

2.7 Textaufgaben

Oft ist bei einem Problem die zu lösende Gleichung erst aufzustellen. Dazu einige **Beispiele:**

1) Die Oberfläche der Erde beträgt etwa 510 Millionen km², davon sind 29% Festland und 71% Wasser. Wie groß ist die Festlandfläche?

   x = 510 Mill. km² · 29% = 510 Mill. km² · 0,29 = 147,9 Mill. km².

2) Welche Zeit benötigt ein mit einer konstanten Geschwindigkeit von v_0= 50 km/h fahrendes und 5 m langes Auto, um einen mit einer konstanten Geschwindigkeit von v_1= 26 km/h fahrenden Traktor mit zwei Hängern von insgesamt 15m Länge zu überholen? Welche Strecke hat dabei das Auto zurückgelegt?

Vor dem Überholen:	Nach dem Überholen:	
—	—	Auto
———	———	Traktor

   Der Traktor fährt beim Überholen in der Zeit t die Strecke $v_1 t$. Das Auto legt in dieser Zeit eine Strecke von $v_0 t$ zurück und muss zum Überholen 20 m (15m + 5m) weiter als der Traktor gefahren sein, also

   $v_0 t = v_1 t + 20$ m.

   Wird nach t aufgelöst und dann v_0 und v_1 eingesetzt, ergibt sich:

   $$t = \frac{20m}{(50-26)km/h} = \frac{20m \cdot 3600s}{24000m} = 3s.$$

   Die Strecke beträgt $\frac{50000m}{3600s} \cdot 3s = 41{,}67 m$.

   Die Strecke sollte in der Praxis natürlich größer sein, da zusätzlich ein Sicherheitsabstand eingehalten werden muss.

3) Ein Schwimmbad hat ein Wasserbecken mit zwei Zuflüssen A und B, durch die es in 24 Minuten vollständig gefüllt werden kann. Ist nur der Zufluss A geöffnet, dauert es 60 Minuten. Wie lange dauert es, wenn nur Zufluss B geöffnet ist?

   Sei x die Zeit in Minuten, die gebraucht wird, um das Becken nur durch Zufluss B zu füllen. Dann ist in einer Minute das Becken zu $\frac{1}{x}$ gefüllt. A füllt das Becken

2.7 Textaufgaben

in einer Minute zu $\frac{1}{60}$. In 24 Minuten wird das Becken durch beide Zuflüsse gefüllt, d.h.: $24(\frac{1}{60}+\frac{1}{x}) = 1$. Aufgelöst nach x ergibt sich x = 40.

4) Ein Sammler kauft eine Briefmarkensammlung für 10.000 DM. Er glaubt, die Sammlung in 20 Jahren für 20.000 DM weiterverkaufen zu können. Wie hoch ist die Verzinsung seines Kapitaleinsatzes?
Gegeben ist eine Zahlung K_0 = 10.000 DM zum Zeitpunkt 0 und eine Zahlung K_n = 20.000 DM zum Zeitpunkt n = 20. Gesucht ist der Zinssatz i, mit dem das Kapital K_0 aufzuzinsen ist, um nach n Jahren den Betrag K_n zu erhalten.
Aus der Finanzmathematik ist bekannt, dass dafür gilt: $K_n = K_0 (1+i)^n$.
Durch Auflösen der Gleichung nach i, erhalten Sie $i = \sqrt[n]{\frac{K_n}{K_0}} - 1$. Für das Beispiel ergibt sich $i = \sqrt[20]{\frac{20000}{10000}} - 1 = 0{,}035$. Der Sammler erhält eine Verzinsung des eingesetzten Kapitals von 3,5%.

□

Bei der Darstellung sehr großer und sehr kleiner Zahlen werden häufig Zehnerpotenzen benutzt. Für einige der Zehnerpotenzen gibt es spezielle Namen, wenn sie im Zusammenhang mit Maßen gebraucht werden:

Wert	Name	Abkürzung	Wert	Name	Abkürzung
10^1	Deka	da	10^{-1}	Dezi	d
10^2	Hekto	h	10^{-2}	Centi	c
10^3	Kilo	k	10^{-3}	Milli	m
10^6	Mega	M	10^{-6}	Mikro	µ
10^9	Giga	G	10^{-9}	Nano	n
10^{12}	Tera	T	10^{-12}	Piko	p
10^{15}	Peta	P	10^{-15}	Femto	f
10^{18}	Exa	E	10^{-18}	Atto	a
10^{21}	Zetta	Z	10^{-21}	Zepto	z
10^{24}	Yotta	Y	10^{-24}	Yokto	y

Beispiele:
Die Lichtgeschwindigkeit beträgt ca. $3 \cdot 10^8 \frac{m}{s} = 3 \cdot 10^5 \frac{km}{s} = 300000 \frac{km}{s}$.
10 hl (10 Hektoliter) sind 1000 l.

□

↗ *Aufgabe 13*

2.8 Ungleichungen mit einer Variablen

Beim Lösen von Ungleichungen wird ähnlich vorgegangen wie beim Lösen von Gleichungen. Hier ist nur zu beachten, dass bei einer Multiplikation bzw. Division mit einer negativen Zahl (dies gilt nicht beim Addieren bzw. Subtrahieren) das Größer-/Kleinerzeichen gedreht werden muss.

Beispiele:

- $2x > -10 \quad | :2$
  $x > -5$
  Lösungsmenge : $L = (-5; \infty)$ oder $L = \{x \in \mathbf{R} \mid x > -5\}$.

- $5x - 2 \quad > 10x + 13 \quad | +2$
  $5x \quad\quad > 10x + 15 \quad | -10x$
  $-5x \quad\quad > 15 \quad\quad\quad | :(-5)$
  $x \quad\quad\quad < -3$
  Lösungsmenge : $L = (-\infty; -3)$.

- $-2x+1 \quad \geq 5 \quad\quad | -1$
  $-2x \quad\quad \geq 4 \quad\quad | :(-2)$
  $x \quad\quad\quad \leq -2$
  Lösungsmenge : $L = (-\infty; -2]$.

- Welche Zahl ist größer: $\sqrt{2}$ oder $\sqrt[3]{3}$?
  Wir nehmen an, dass $\sqrt{2} \geq \sqrt[3]{3}$ ist. Dann werden beide Seiten mit 6 potenziert: $2^3 \geq 3^2$. Dies ist aber falsch. Also: $\sqrt{2} < \sqrt[3]{3}$.

- Gesucht sind alle reellen Lösungen der Ungleichung: $\dfrac{1}{x+2} < 1$.
  Um diese Ungleichung aufzulösen, muss mit x + 2 multipliziert werden. Dabei ist aber eine Fallunterscheidung zu treffen, denn wenn x + 2 negativ ist, ändert sich das Ungleichheitszeichen:

  Fall 1: x+2 > 0, also x > −2. Dann gilt: 1 < 1 (x+2). Nach x aufgelöst ergibt sich x > −1. Da außerdem noch x > −2 gelten muss, folgt im Fall 1: x > −1.

  Fall 2: x+2 < 0, also x < −2. Dann gilt: 1 > 1 (x+2). Daraus folgt x < −1. Da schon x < −2 gelten muss, ist die Lösung im Fall 2: x < −2.

  Fall 3: x+2 = 0, also x = −2. Für x = −2 ist der Bruch nicht definiert.

2.8 Ungleichungen mit einer Variablen

Insgesamt ist die obige Gleichung erfüllt, wenn x < –2 oder x > –1 ist, also ist die Lösungsmenge : **L** = (–∞; –2) ∪ (–1; ∞) = **R** \ [–2; –1].

– Gesucht sind alle reellen Lösungen der Ungleichung |x+2| > 1, wobei der Betrag einer Zahl x folgendermaßen definiert ist: $|x| = \begin{cases} x & \text{für } x \geq 0 \\ -x & \text{für } x < 0 \end{cases}$.

Da wegen der Betragszeichen nicht direkt nach x aufgelöst werden kann, müssen erst die Betragszeichen eliminiert werden. Dazu ist eine Fallunterscheidung notwendig.

Fall 1: x+2 ≥ 0, also x ≥ –2.   Dann gilt: |x+2| = x+2 > 1 ⇔ x > –1.

Fall 2: x+2 < 0, also x < –2.   Dann gilt: |x+2| = –(x+2) > 1 ⇔ –3 > x.

Insgesamt ist für x < –3 oder x > –1 die Ungleichung erfüllt: **L** = **R** \ [–3; –1].

– Gesucht sind alle reellen Lösungen der Ungleichung: $\frac{1}{|x+2|} < 1$.

Um diese Ungleichung aufzulösen, muss zuerst das Betragszeichen aufgelöst werden. Dabei ist eine Fallunterscheidung zu treffen, je nachdem, ob x + 2 positiv oder negativ ist:

Fall 1: x+2 > 0, also x > –2.

Dann gilt: $\frac{1}{|x+2|} < 1$ ⇔ $\frac{1}{x+2} < 1$ ⇔ 1 < 1 (x+2).

Nach x aufgelöst ergibt sich x > –1.

Da außerdem noch x > –2 gelten muss, folgt im Fall 1: x > –1.

Fall 2: x+2 < 0, also x < –2.

Dann gilt: $\frac{1}{|x+2|} < 1$ ⇔ $\frac{1}{-x-2} < 1$ ⇔ 1 < 1 (–x–2) ⇔ x < –3.

Zusammen mit x < –2, ergibt sich die Lösung im Fall 2: x < –3.

Fall 3: x+2 = 0, also x = –2.   Für x = –2 ist der Bruch nicht definiert.

Insgesamt ist die obige Ungleichung erfüllt, wenn x < –3 oder x > –1 ist, also ist die Lösungsmenge : **L** = (–∞; –3) ∪ (–1; ∞) = **R** \ [–3; –1].

□

↗ *Aufgabe 14*

3 Funktionen

3.1 Definition einer Funktion

Eine **Funktion** f von A in B (geschrieben: f : A → B) ordnet jedem x aus A genau ein y = f(x) aus B zu. Hierbei wird A als **Definitionsbereich** (D_f) und B als **Zielbereich** bezeichnet. Die Menge W_f = {y ∈ B| y = f(x); x ∈ A} heißt **Wertebereich** oder **Wertemenge**.[1]

x wird als **unabhängige Variable** (Veränderliche) und y als **abhängige Variable** (Veränderliche) bezeichnet.

Zu jedem x aus dem Definitionsbereich darf es jeweils nur ein y aus dem Zielbereich geben. Es können aber zu einem y-Wert mehrere x-Werte existieren.

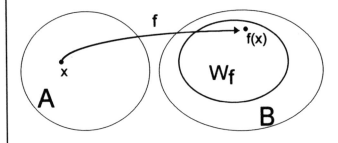

Unter Verwendung der Begriffe der Mengenlehre definiert man die Funktion f als die Menge aller geordneten Paare (x; y) mit x∈A und y = f(x), also

f = { (x; y) | x∈A und y = f(x) }.

Ordnen Sie den Wertepaaren Punkte in einem Koordinatensystem zu und stellen die Funktion graphisch dar, entsteht das **Bild**, das **Schaubild** oder der **Graph der Funktion**.

Der Graph einer Funktion kann, wenn A und B Teilmengen von **R** sind, in ein rechtwinkliges Koordinatensystem eingezeichnet werden: Die x-Achse (Abszissenachse), auf der die x-Werte dargestellt werden, verläuft üblicherweise waagrecht, die y-Achse (Ordinatenachse), auf der die y-Werte dargestellt werden, verläuft senk-

---

[1] Die Bezeichnung ist in der Literatur nicht einheitlich. Manchmal wird als Zielmenge auch die Wertemenge bezeichnet.

3.1 Definition einer Funktion

recht zur x-Achse. Der Schnittpunkt der beiden Achsen wird als Nullpunkt oder Koordinatenursprung bezeichnet. Durch die beiden Koordinatenachsen wird die Ebene in vier Gebiete, genannt Quadranten, geteilt. Der erste Quadrant ist das Gebiet rechts oben, der zweite das Gebiet links oben, der dritte links unten und der vierte Quadrant das Gebiet rechts unten.

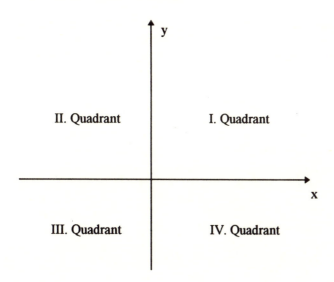

Beispiel:
Die Funktion $f : \mathbf{R} \to \mathbf{R}$ mit $f(x) = x^2$ ordnet jedem x-Wert dessen Quadrat zu: $x \mapsto x^2$. Also $A = B = \mathbf{R}$.
Der Definitionsbereich ist $\mathbf{R}$ und der Wertebereich ist $\mathbf{R}_0^+$, da das Quadrat jeder reellen Zahl größer oder gleich Null ist. Somit könnte auch geschrieben werden: $f : \mathbf{R} \to \mathbf{R}_0^+$.

Eine Funktionstafel oder Wertetabelle ist eine Tabelle, in die die Wertepaare $(x; f(x))$ eingetragen sind. Eine Wertetabelle für dieses Beispiel könnte folgendermaßen aussehen:

x	-4	-3	-2	-1	0	1	2	3	4
f(x)	16	9	4	1	0	1	4	9	16

Der Graph der Funktion:

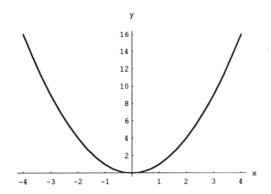

Zu jedem $x \in D_f$ existiert nur ein $y \in W_f$. Zu einem $y \in W_f$ existieren aber bei dieser Funktion zwei x-Werte (außer für $y = 0$).

Gesucht sind z.B. die x-Werte zum Funktionswert $f(x) = 4$. Sie werden folgendermaßen bestimmt:

$f(x) = 4 \Leftrightarrow x^2 = 4 \Leftrightarrow x = \pm\sqrt{4} = \pm 2$.

Also gilt: $f(2) = 4$ und $f(-2) = 4$.

Der Graph der Funktion $g : \mathbf{R}^+ \to \mathbf{R}$ mit $g(x) = x^2$ wäre nur der rechte Ast der obigen Kurve.

□

Im Folgenden werden wir nur reellwertige Funktionen betrachten, bei denen der Definitionsbereich und auch der Zielbereich ganz $\mathbf{R}$ oder eine Teilmenge von $\mathbf{R}$ sind.

3.2 Verschiedene Funktionstypen

3.2.1 Geraden

Geraden sind die graphischen Darstellungen der einfachsten Funktionstypen:

$f(x) = m \cdot x + b$; $f : \mathbf{R} \to \mathbf{R}$ wobei $m, b \in \mathbf{R}$.

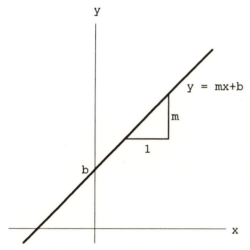

Hierbei stellt b den **y-Achsenabschnitt**, also den Schnittpunkt (0;b) mit der y-Achse dar. m ist die **Steigung** der Geraden, da für jede Vergrößerung des x-Wertes um '1' der y-Wert um m ansteigt bzw. fällt.

Bei $m = 0$ ist der Graph der Funktion eine Gerade, die parallel zur x-Achse verläuft.

Beispiele:

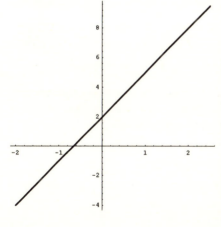

Gegeben sei die Funktion f mit $f(x) = 3x + 2$, $x \in \mathbf{R}$.

Die Steigung beträgt 3, der y-Achsenabschnitt 2.

Der Graph der Funktion $g(x) = 3x + 10$ wäre im Vergleich zur Funktion f um 8 Einheiten nach oben verschoben.

Der Graph der Funktion $h(x) = 5x + 2$ geht auch wie die Funktion f durch den gleichen Punkt auf der y-Achse, hat aber die Steigung 5.

Für zu versteuernde Jahreseinkommen x über 120042 DM wird die Einkommensteuer f(x) in Deutschland (Stand 1998) nach folgender Formel berechnet:
f(x) = 0,53x – 22843 für x ≥ 120042.
Da für zu versteuernde Einkommen kleiner als 120042 DM andere Berechnungsformeln gelten (teilweise sind dies quadratische Formeln), ist daher die Einkommensteuer-Funktion nur teilweise linear.

□

Eine Gerade ist durch die Angabe von zwei Punkten eindeutig definiert, d.h., durch zwei (verschiedene) Punkte können Sie genau eine Gerade legen.

Beispiel:
Wir wollen nun die Funktionsvorschrift für die Gerade bestimmen, die durch die Punkte P = (1;5) und Q = (2;8) geht. Es gilt somit:

f(1) = m · 1 + b = 5   und   f(2) = m · 2 + b = 8.

Es ergibt sich also ein lineares Gleichungssystem für die Parameter m und b der linearen Funktion f(x) = m · x + b:

(1)   m · 1 + b = 5
(2)   m · 2 + b = 8

Subtrahieren Sie (1) von (2), so ergibt sich m = 3. Nun können Sie m in (1) einsetzen, um b zu erhalten:

3 · 1 + b = 5   => b = 2

Also ergibt sich die Gerade: f(x) = 3x + 2. □

Sind zwei Punkte P = $(x_1;y_1)$ und Q = $(x_2;y_2)$ bzw. ein Punkt P = $(x_1;y_1)$ und die Steigung m gegeben, so kann die Geradengleichung auch mit der Punkt-Punkt- bzw. mit der Punkt-Steigungs-Form bestimmt werden, denn es gilt:

(I) Die **Punkt-Punkt-Form**: $y - y_1 = \dfrac{y_2 - y_1}{x_2 - x_1}(x - x_1)$.

(II) Die **Punkt-Steigungs-Form**: $y - y_1 = m(x - x_1)$.

Die Steigung einer Geraden ergibt sich aus: $m = \dfrac{y_2 - y_1}{x_2 - x_1}$.

Beispiel:
Wir berechnen nochmals die im obigen Beispiel gesuchte Gerade mit der Punkt-Punkt-Form. Wegen $(1;5) = (x_1;y_1)$ und $(2;8) = (x_2;y_2)$ folgt:
$$y - 5 = \frac{8-5}{2-1}(x-1) \quad \Leftrightarrow \quad y - 5 = 3(x-1) \quad \Leftrightarrow \quad y = 3x + 2 \ .$$
Also gilt: $y = 3x + 2$ bzw. $f(x) = 3x + 2$.

Wir bestimmen nun den Schnittpunkt der Geraden mit der x-Achse, die so genannte **Nullstelle** (oder auch Wurzel genannt), indem wir die Funktionsgleichung gleich Null setzen und nach x auflösen.

$$f(x) = 3x + 2 = 0 \quad \Rightarrow \quad x = -\tfrac{2}{3}$$

Deshalb hat die Funktion f an der Stelle $x = -\tfrac{2}{3}$ eine Nullstelle.

$\square$

↗ *Aufgabe 15*

3.2.2 Polynome (ganzrationale Funktionen)

Die Funktion p_n mit

$p_n(x) = a_n x^n + a_{n-1} x^{n-1} + ... + a_2 x^2 + a_1 x + a_0$ mit $a_0, a_1, a_2, ... , a_{n-1}, a_n \in \mathbf{R}$, $a_n \neq 0$, $n \in \mathbf{N_0}$,

ist für alle $x \in \mathbf{R}$ definiert und heißt **Polynom vom Grad n** (oder auch **ganzrationale Funktion n-ten Grades**).

Wir betrachten nun einige Polynome genauer:

Polynome 0-ten Grades: $p_0(x) = a_0$

Das Polynom vom 0-ten Grad hat an jeder Stelle x den gleichen Funktionswert (a_0). Der Graph eines Polynoms 0-ten Grades stellt eine Parallele zur x-Achse dar. Falls $a_0 = 0$ gilt, ist der Graph identisch mit der x-Achse.

Beispiel:
Die Funktion f mit $f(x) = 2$, $x \in \mathbf{R}$, ist ein Polynom 0-ten Grades, welches an jeder Stelle x den Funktionswert 2 hat.

$\square$

Polynome ersten Grades: $p_1(x) = a_1 x + a_0$, $a_1 \neq 0$

Polynome ersten Grades sind **Geraden**, welche im vorher gehenden Kapitel genauer behandelt wurden.

Polynome zweiten Grades: $p_2(x) = a_2 x^2 + a_1 x + a_0$, $a_2 \neq 0$

Der Graph eines Polynome zweiten Grades ist eine **Parabel**.

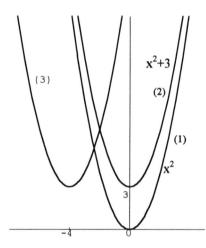

Gilt $a_2 = 1$ und $a_1 = a_0 = 0$, so liegt die folgende Funktion vor: $f_1(x) = x^2$. Diese Funktion wird als **Normalparabel** bezeichnet. Das Schaubild dieser Funktion ist bei (1) in der neben stehenden Abbildung zu sehen.
Die Funktion f_2 mit $f_2(x) = x^2 + 3$ ist die um 3 Einheiten nach oben verschobene Parabel und bei (2) angegeben.
Die Abbildung der Funktion f_3 mit $f_3(x) = (x + 4)^2 + 3$ ist nochmals um 4 Einheiten nach links verschoben, siehe (3).

Falls $a_2 = 1$ und a_1 und a_0 beliebige Werte aufweisen, handelt es sich um die verschobene Normalparabel. Die Parabel ist nach oben geöffnet, falls $a_2 > 0$. Für $a_2 < 0$ ist sie nach unten geöffnet. Falls $|a_2| \neq 1$ (d.h. falls der Betrag von a_2 ungleich '1' ist), so wird die Parabel im Vergleich zur Normalparabel gestreckt oder gestaucht.

Der tiefste bzw. höchste Punkt einer Parabel wird **Scheitelpunkt** genannt. Diesen Punkt kann mit Hilfe der Differentialrechnung (vgl. Kapitel 4) oder mit quadratischer Ergänzung ermittelt werden (vgl. Beispiel auf Seite 55 unten).

Wir betrachten nun weitere Spezialfälle:

Falls $a_1 = 0$:
Gegeben ist also die Funktion f mit $f(x) = a_2 x^2 + a_0$. Die Funktion ist symmetrisch zur y-Achse. Die Nullstellen der Funktion sind: $x_{1/2} = \pm \sqrt{-\dfrac{a_0}{a_2}}$.

Wenn $-\frac{a_0}{a_2} > 0$ existieren zwei Nullstellen, eine positive und eine negative Nullstelle. Wenn $a_0 = 0$ ist, existiert natürlich nur eine Nullstelle. Wenn $-\frac{a_0}{a_2} < 0$ ist, so gibt es keine reelle Nullstelle.

Beispiel:
Gesucht sind die Nullstellen der Funktion f mit $f(x) = 2x^2 - 8 = 2(x^2 - 4)$.

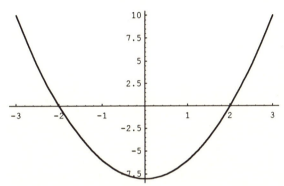

Also $2x^2 - 8 = 0$. Daraus folgt $x = \pm\sqrt{4} = \pm 2$. Somit hat die Funktion die beiden Nullstellen $x_1 = 2$ und $x_2 = -2$.

Falls $a_0 = 0$:
Gegeben ist also die Funktion f mit $f(x) = a_2x^2 + a_1x$. Die Nullstellen dieser Funktion können leicht ermittelt werden, wenn x ausgeklammert wird: $x(a_2x + a_1) = 0$.
Das Produkt ist nun gleich Null, wenn einer der beiden Faktoren gleich Null ist, d.h., wir erhalten die beiden Gleichungen $x = 0$ oder $a_2x + a_1 = 0$. Die zweite Gleichung ist Null, wenn $x = -\frac{a_1}{a_2}$. Also $x = 0$ oder $x = -\frac{a_1}{a_2}$.

Natürlich können zur Berechnung der Nullstellen auch die abc- oder die p-q-Formel aus Abschnitt 2.4 verwenden werden.

Beispiel:
Gegeben ist die Funktion f mit $f(x) = 2x^2 + 4x$. Gesucht sind die Nullstellen dieser Funktion:
$2x^2 + 4x = x(2x + 4) = 0$. Also: $x_1 = 0$ oder $2x_2 + 4 = 0$, d.h. $x_1 = 0$, $x_2 = -2$.
Die Skizze erhalten Sie leicht, wenn Sie die Funktion umformen:

$f(x) = 2x^2 + 4x = 2(x^2 + 2x) = 2(x^2 + 2x + 1) - 2 = 2(x + 1)^2 - 2$.

Die letzte Darstellung der Funktion nennt man **Scheitelform der Parabel**. Aus ihr kann der Scheitelpunkt abgelesen werden: $(x_S; y_S) = (-1; -2)$. x_S ist der negative Wert der Zahl in der Klammer und y_S der Summand nach dem Quadratterm.

Die Funktion ist eine Normalparabel, die zunächst um eine Einheit nach links verschoben ist. Anschließend ist diese Parabel noch um den Faktor zwei zu strecken und um zwei Einheiten nach unten zu verschieben:

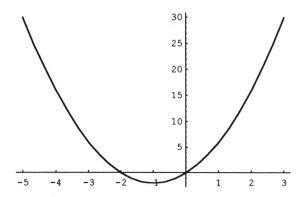

□

Polynome dritten Grades: $p_3(x) = a_3x^3 + a_2x^2 + a_1x + a_0$, $a_3 \neq 0$

Polynome dritten Grades werden auch **kubische Funktionen** genannt. Ein Polynom dritten Grades kann maximal 3 Nullstellen besitzen, vgl. Kapitel 2.5.

Beispiel:

$f(x) = x^3 + x^2 - 10x + 8$

□

↗ *Aufgabe 16*

3.2.3 Trigonometrische Funktionen

Die trigonometrischen Funktionen sowie alle Hyperbelfunktionen, die Exponentialfunktionen und die Logarithmusfunktionen gehören zu den transzendenten Funktionen.

Die Sinus- und die Kosinusfunktion sind auf der Menge der reellen Zahlen definiert. Sie sind 2π-periodische Funktionen, d.h. es gilt $f(x) = f(x+2\pi)$ für alle $x \in \mathbf{R}$.

Die Sinusfunktion:
$f(x) = \sin(x);\ f : \mathbf{R} \to [-1;\ 1]$.

Die Sinusfunktion besitzt auf dem Intervall $[0;\ 2\pi]$ die Nullstellen $x_1 = 0$, $x_2 = \pi$ und $x_3 = 2\pi$. Auf ganz $\mathbf{R}$ ergeben sich die folgenden Nullstellen:
$\{x \in \mathbf{R} \mid x = k \cdot \pi \text{ mit } k \in \mathbf{Z}\} = \{\ldots;\ -2\pi;\ -\pi;\ 0;\ \pi;\ 2\pi, \ldots\}$.
Es gilt: $f(x) = -f(-x)$ für alle $x \in \mathbf{R}$.

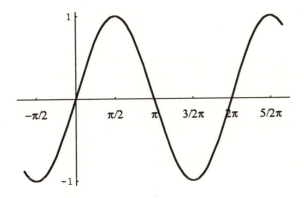

Die Kosinusfunktion:
$f(x) = \cos(x);\ f : \mathbf{R} \to [-1;\ 1]$.

Die Kosinusfunktion besitzt auf dem Intervall $[0;\ 2\pi]$ die Nullstellen
$x_1 = \pi/2$ und $x_2 = 3/2\pi$. Auf ganz $\mathbf{R}$ ergeben sich die folgenden Nullstellen:
$\{x \in \mathbf{R} \mid x = \pi/2 + k \cdot \pi \text{ mit } k \in \mathbf{Z}\} = \{\ldots;\ -3/2\pi;\ -\pi/2;\ \pi/2;\ 3/2\pi;\ \ldots\}$.
Es gilt: $f(x) = f(-x)$ für alle $x \in \mathbf{R}$.

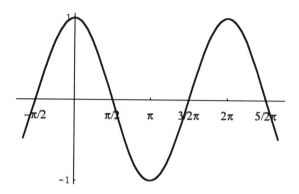

Die Tangensfunktion:
f(x) = tan(x);   f : **R**\{x ∈ **R** | x = π/2 + k·π mit k ∈ **Z**} → **R**

Die Tangensfunktion ergibt sich als Quotient aus der Sinus- und der Kosinusfunktion (tan(x) = sin(x)/cos(x)). Die Tangensfunktion besitzt Polstellen (siehe gebrochenrationale Funktionen) an den Nullstellen der Funktion im Nenner, d.h. an den Nullstellen der Kosinusfunktion. Wir betrachten die Tangensfunktion zunächst nur auf dem Intervall I = (−π/2; π/2), wo sie die Nullstelle x_1 = 0 besitzt. Definiert man die Tangensfunktion auf **R**\{x ∈ **R** | x = π/2 + k·π mit k ∈ **Z**} (die Nullstellen der Kosinusfunktion müssen aus dem Definitionsbereich ausgeschlossen werden), so ergibt sich die Menge der Nullstellen: {x ∈ **R** | x = k·π mit k ∈ **Z**} = {...; −2π; −π; 0; π; 2π; ...}.

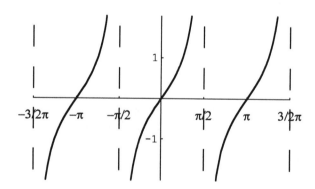

Die Kotangensfunktion:
f(x) = cot(x);   f : **R**\{x ∈ **R** | x = k·π mit k ∈ **Z**} → **R**

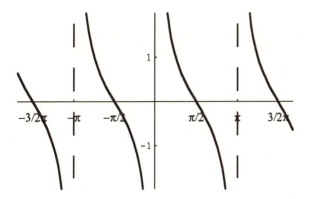

↗ *Aufgabe 17*

3.2.4 Die Exponentialfunktion und Logarithmusfunktion

Die allgemeine **Exponentialfunktion** ist wie folgt definiert:

$f(x) = a^x$; $f: \mathbf{R} \to \mathbf{R}^+ = (0; \infty)$; $a > 0$.

Wir betrachten nun die bekannteste Exponentialfunktion, welche die Basis $a = e$ hat (e ist die **Euler'sche Zahl**, $e = 2{,}7183...$). Diese bildet die reellen Zahlen $\mathbf{R}$ auf die positiven reellen Zahlen $\mathbf{R}^+$ ab. Die Exponentialfunktion $f(x) = e^x$ hat wie die allgemeine Exponentialfunktion $f(x) = a^x$ die Eigenschaft, dass sie die y-Achse an der Stelle $y = 1$ schneidet, da $f(0) = a^0 = 1$ (vgl. Potenzgesetze). Außerdem hat sie keine Nullstellen.

Schaubild der Funktion e^x:

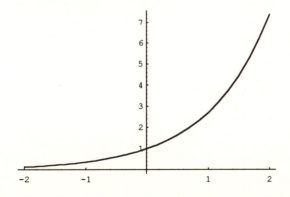

Beispiel:
Eine Bakterienkultur, die exponentiell wächst, enthält am Anfang (zum Zeitpunkt t = 0) 10 Bakterien und nach 5 Minuten (t = 5) 300 Bakterien. Die Wachstumsfunktion f sei wie folgt definiert: $f(t) = a \cdot e^{k \cdot t}$, $t \geq 0$.
(a) Wie viele Bakterien enthält diese Kultur nach 15 Minuten?
(b) Erstellen Sie ein Schaubild der Funktion für $t \in [0;7]$ (mit Wertetabelle)?

zu (a):
(1) $f(0) = a \cdot e^{k \cdot 0} = 10$
(2) $f(5) = a \cdot e^{k \cdot 5} = 300$
Aus (1) folgt $a \cdot e^0 = 10$, und damit $a \cdot 1 = 10$, also $a = 10$. a in (2) eingesetzt ergibt:
$10 \cdot e^{k \cdot 5} = 300 \quad | :10$
$\quad e^{k \cdot 5} = 30 \quad | \ln(\ )$
$\ln(e^{k \cdot 5}) = \ln(30)$
$\quad 5 \cdot k = \ln(30) \quad | :5$
$k = \dfrac{\ln(30)}{5} = 0{,}68024.$

Somit ergibt sich in unserem Beispiel die Wachstumsfunktion: $f(t) = 10 \cdot e^{0,68024 \cdot t}$.
Gesucht ist die Anzahl der Bakterien nach 15 Minuten, also f(15):
$f(15) = 10 \cdot e^{0,68024 \cdot 15} = 270000.$

zu (b):

t	0	1	2	3	4	5	6	7
f(t)	10	19,74	38,98	76,96	151,95	300	592,31	1169,42

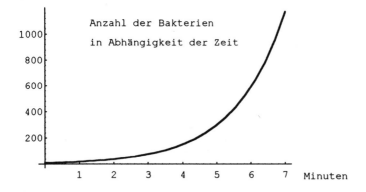

□

Die allgemeine **Logarithmusfunktion** ist wie folgt definiert:

$f(x) = \log_a(x);\ f : (0; \infty) \to \mathbf{R};\ a > 0$.

Die allgemeine Logarithmusfunktion ist die Umkehrfunktion zur Exponentialfunktion, denn es gilt $\log_a(a^x) = x$. Aus diesem Grund ist auch der Wertebereich der Exponentialfunktion identisch mit dem Definitionsbereich der Logarithmusfunktion. Zeichnerisch erhalten Sie die Umkehrfunktion, wenn Sie die Exponentialfunktion an der Geraden y = x spiegeln (siehe Schaubilder der Exponential- bzw. Logarithmusfunktion). Die Logarithmusfunktion hat die Eigenschaft, dass sie an der Stelle x = 1 den Funktionswert 0 besitzt (f(1) = 0).

Der natürliche Logarithmus, f(x) = ln(x), ist die bekannteste Logarithmusfunktion (diese hat die Basis a = e = 2,7182...). Im Folgenden ist das Schaubild dieser Funktion zu sehen:

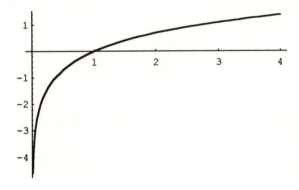

↗ *Aufgabe 18*

3.2.5 Gebrochenrationale Funktionen

Eine **rationale Funktion** ergibt sich aus dem Quotienten zweier ganzrationaler Funktionen, d.h., sie besteht aus dem Quotienten zweier Polynome:

$$f(x) = \frac{a_n x^n + a_{n-1} x^{n-1} + \ldots + a_2 x^2 + a_1 x + a_0}{b_m x^m + b_{m-1} x^{m-1} + \ldots + b_2 x^2 + b_1 x + b_0}, \quad a_n \neq 0, \ b_m \neq 0,$$

mit $a_1, a_2, \ldots, a_n, b_1, b_2, \ldots, b_m \in \mathbb{R}$.

Wie zu sehen ist, steht im Zähler ein Polynom von beliebigem Grad n und im Nenner ein Polynom von beliebigem Grad m. Eine rationale Funktion kann Definitionslücken besitzen. Diese sind die Nullstellen des Nennerpolynoms. Es gilt also

$$D_f = \mathbb{R} \setminus \{x \in \mathbb{R} \mid b_m x^m + b_{m-1} x^{m-1} + \ldots + b_2 x^2 + b_1 x + b_0 = 0\}.$$

Gebrochenrationale Funktionen sind alle Funktionen, die rational, aber nicht ganzrational sind. Gilt m > n heißen sie **echt gebrochenrationale Funktionen**, andernfalls **unecht gebrochenrationale Funktionen**.

Beispiele:

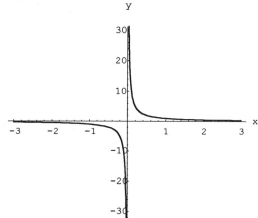

Das neben stehende Schaubild der Funktion f mit

$$f(x) = \frac{1}{x}, \ D_f = \mathbb{R} \setminus \{0\},$$

ist eine Hyperbel. Das Schaubild der Funktion

$$f(x) = \frac{1}{x-4}, \ D_f = \mathbb{R} \setminus \{4\},$$

wäre um 4 Einheiten nach rechts verschoben.

$f(x) = \dfrac{x^3 - 2x^2 + 5}{x^2 - 4x - 5}$; $D_f = \mathbb{R} \setminus \{x \in \mathbb{R} \mid x^2 - 4x - 5 = 0\} = \mathbb{R} \setminus \{5; -1\}$.

$f(x) = \dfrac{x - 7}{x^2 + 5}$; $D_f = \mathbb{R}$, da der Nenner ($x^2 + 5$) keine reellen Nullstellen hat. □

Nullstellen von gebrochenrationalen Funktionen:

Um die Nullstellen einer gebrochenrationalen Funktion zu bestimmen, muss das Zählerpolynom gleich Null gesetzt werden:

3.2 Verschiedene Funktionstypen

$$f(x) = \frac{u(x)}{v(x)} = 0 \Rightarrow u(x) = 0$$

Haben Sie eine Nullstelle x_Z des Zählerpolynoms u gefunden, so ist diese eine (wahre) Nullstelle der gebrochenrationalen Funktion f, falls das Nennerpolynom an dieser Stelle von Null verschieden ist (man sagt auch, falls das Nennerpolynom an dieser Stelle nicht verschwindet). Es muss also gelten:

$v(x_Z) \neq 0$.

Beispiel:

$f(x) = \dfrac{x^2 - 4}{x^3 + 7x - 4} = 0 \Rightarrow x^2 - 4 = 0$. Somit ergeben sich die Nullstellen $x_1 = 2$ und $x_2 = -2$ des Zählerpolynoms u(x). Weiterhin gilt:

$v(x_1) = v(2) = 2^3 + 7 \cdot 2 - 4 = 8 + 14 - 4 = 18 \neq 0$
$v(x_2) = v(-2) = (-2)^3 + 7 \cdot (-2) - 4 = -8 + (-14) - 4 = -26 \neq 0$

Also sind $x_1 = 2$ und $x_2 = -2$ auch Nullstellen von f. □

Ist eine Nullstelle x_N des Zählerpolynoms mit der des Nennerpolynoms identisch, so kann die Funktion an dieser Stelle eventuell stetig ergänzt werden. Hierbei wird das Zähler- und das Nennerpolynom mit Hilfe der Polynomdivision durch $(x - x_N)$ dividiert, womit sich ein neues Zähler- und Nennerpolynom ergibt. Hat das neue Nennerpolynom keine Nullstelle an der Stelle x_N, so hat die resultierende gebrochenrationale Funktion, wir bezeichnen sie mit g, an dieser Stelle keine Definitionslücke mehr. Durch Einsetzen kann der Funktionswert $g(x_N)$ bestimmt werden. An den übrigen Stellen besitzt diese Funktion g aber die gleichen Funktionswerte wie die Ausgangsfunktion f.

Beispiel:

$f(x) = \dfrac{x-2}{x^2 - 4}$; $D_f = \mathbb{R} \setminus \{2; -2\}$. Das Zähler- und das Nennerpolynom von f hat an der Stelle $x = 2$ eine Nullstelle. Wegen $f(x) = \dfrac{x-2}{(x-2)(x+2)} = \dfrac{1}{x+2}$, kann f an der Stelle $x = 2$ stetig ergänzt werden: $f(2) = \dfrac{1}{4}$.

Mit Hilfe der binomischen Formel konnte das Nennerpolynom, ohne Verwendung der Polynomdivision, in seine Linearfaktoren zerlegt werden. Danach wurde die Funktion f im Zähler und im Nenner durch $(x - 2)$ geteilt. Diese neue Funktion,

nennen wir sie g mit $g(x) = \dfrac{1}{x+2}$, ist nun auch bei x = 2 definiert: $D_g = \mathbf{R} \setminus \{-2\}$.
Anschließend kann der Funktionswert an der Stelle x = 2 bestimmt werden:

$g(2) = \dfrac{1}{2+2} = \dfrac{1}{4}$. □

Polstellen von gebrochenrationalen Funktionen:

Um die Polstellen einer gebrochenrationalen Funktion zu bestimmen, muss das Nennerpolynom gleich Null gesetzt werden:

$v(x) = 0$

Haben Sie eine Nullstelle x_P des Nennerpolynoms v gefunden, so ist diese dann eine Polstelle der gebrochenrationalen Funktion f, falls das Zählerpolynom an dieser Stelle von Null verschieden ist. Es muss also gelten:

$u(x_P) \neq 0$.

Beispiel:

$f(x) = \dfrac{1}{x-1}$.

Wir setzen den Nenner v(x) gleich Null. Daraus folgt $x_P = 1$. Setzen Sie diese Nullstelle in das Zählerpolynom, erhalten Sie $u(x_P) = u(1) = 1$. Also ist $x_P = 1$ eine Polstelle von f.

Wie im folgenden Schaubild der Funktion f zu sehen ist, strebt der Funktionswert an der Polstelle gegen $-\infty$ bzw. $+\infty$:

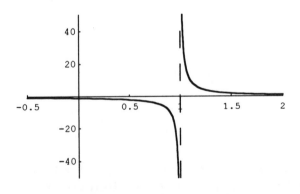

□

↗ *Aufgabe 19*

Asymptoten von gebrochenrationalen Funktion:

Eine Asymptote (Grenzfunktion) einer Funktion f ist eine Funktion, an die sich die Funktionswerte von f für große oder kleine x-Werte (d.h. für $x \to \infty$ oder $x \to -\infty$) annähern. Bei der Bestimmung der Asymptote a(x) einer gebrochenrationalen Funktion

$$f(x) = \frac{a_n x^n + a_{n-1} x^{n-1} + \ldots + a_2 x^2 + a_1 x + a_0}{b_m x^m + b_{m-1} x^{m-1} + \ldots + b_2 x^2 + b_1 x + b_0}$$

wird zwischen drei Fällen unterschieden:

Fall 1:
Der Grad des Nennerpolynoms ist größer als der Grad des Zählerpolynoms, d.h. m > n (echt gebrochenrationale Funktion). Dann ist die Asymptote die x-Achse. Es ergibt sich also die Asymptote

$a(x) = 0$.

Beispiel:
Gegeben ist die Funktion f mit $f(x) = \dfrac{x}{x^2 + 4}$, $x \in \mathbf{R}$. Die Asymptote ist: $a(x) = 0$, da $\lim\limits_{x \to \infty} f(x) = \lim\limits_{x \to -\infty} f(x) = 0$.

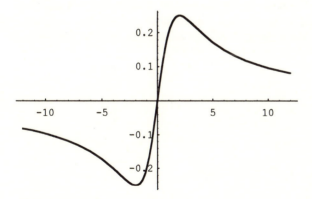

Fall 2:
Der Grad des Nennerpolynoms ist gleich dem Grad des Zählerpolynoms, d.h. m = n, dann ergibt sich die Asymptote aus dem Quotienten der Faktoren vor den größten Potenzen von x des Zähler- und des Nennerpolynoms. Es ergibt sich die Asymptote

$a(x) = \dfrac{a_n}{b_m}$.

Beispiel:
Gegeben ist die Funktion f mit $f(x) = \dfrac{2x^2 - 5x + 1}{5x^2 - 10}$, $x \in \mathbf{R} \setminus \{\sqrt{2}; -\sqrt{2}\}$. Für die Asymptote ergibt sich: $a(x) = \dfrac{2}{5}$.

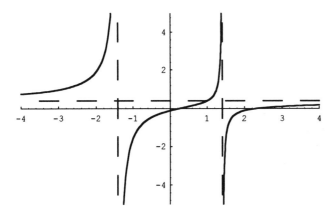

□

Fall 3:
Der Grad des Nennerpolynoms ist kleiner als der Grad des Zählerpolynoms, d. h., m < n. Hier muss zunächst mit Hilfe der Polynomdivision das Zählerpolynom durch das Nennerpolynom geteilt werden. Dann ergibt sich ein Polynom vom Grade n−m und ein Rest, durch den nicht mehr dividiert werden kann, da der Exponent der größten x-Potenz des Rests kleiner als der Grad des Nennerpolynoms ist. Das Polynom vom Grade n−m ist hierbei die Asymptote a(x). Es gilt also:

$$f(x) = \frac{a_n x^n + a_{n-1} x^{n-1} + \ldots + a_2 x^2 + a_1 x + a_0}{b_m x^m + b_{m-1} x^{m-1} + \ldots + b_2 x^2 + b_1 x + b_0} = a(x) + R(x).$$

Beispiel:
Gegeben ist die Funktion f mit $f(x) = \dfrac{2x^2 - 5x + 1}{x - 3}$, $x \in \mathbf{R} \setminus \{3\}$. Der Grad des Zählerpolynoms ist 2, der Grad des Nennerpolynoms 1. Um die Asymptote zu finden, ist die Polynomdivision durchzuführen:

$(2x^2 - 5x + 1) : (x - 3) = 2x + 1$
$\underline{2x^2 - 6x}$
$\quad\quad x$
$\quad\quad \underline{x - 3}$
$\quad\quad\quad 4 = \text{Rest}$

Somit gilt $R(x) = \dfrac{4}{x-3}$ und

$$f(x) = \dfrac{2x^2 - 5x + 1}{x - 3} = 2x + 1 + \dfrac{4}{x - 3}.$$

Wie zu erkennen ist, strebt $\dfrac{4}{x-3}$ für große oder für kleine x gegen Null, so dass sich die Funktionswerte f(x) immer mehr den Werten der Funktion 2x + 1 annähern. Die Gleichung der Asymptote lautet deshalb a(x) = 2x + 1.

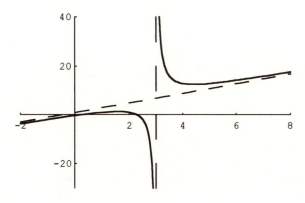

↗ *Aufgabe 20*

3.2.6 Weitere Funktionstypen

Als weitere Funktionstypen stellen wir noch die Wurzelfunktionen und die hyperbolischen Funktionen vor. Beide Funktionstypen wie auch die Exponentialfunktionen, die trigonometrischen und die logarithmischen Funktionen gehören zu den nicht rationalen Funktionen, den so genannten **irrationalen Funktionen**.

Da bei den reellen Zahlen die Wurzeln nur für positive Radikanden definiert sind, muss bei **Wurzelfunktionen** der Definitionsbereich dementsprechend eingeschränkt werden.

Beispiele:

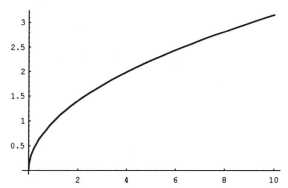

$f(x) = \sqrt{x}$;
$f : [0; \infty) \to [0; \infty)$

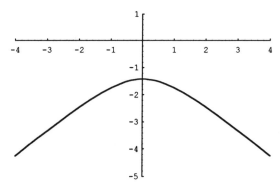

$f(x) = -\sqrt{x^2 + 2}$;
$f : \mathbf{R} \to (-\infty; -\sqrt{2}\,]$.

Da $x^2 + 2 > 0$ für alle $x \in \mathbf{R}$ gilt, ist der Definitionsbereich ganz **R**.

3.2 Verschiedene Funktionstypen

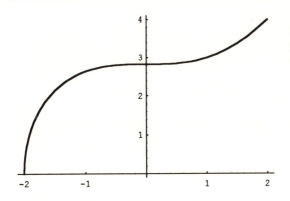

$f(x) = \sqrt{x^3 + 8}$;
$f : [-2; \infty) \to [0; \infty)$

□

Exkurs:

Von den **hyperbolischen Funktionen** stellen wir die beiden Funktionen sinh (Sinushyperbolicus) und cosh (Kosinushyperbolicus) vor, die wie folgt definiert sind:

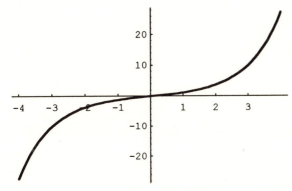

$\sinh(x) = \dfrac{e^x - e^{-x}}{2}$;
$\sinh : \mathbf{R} \to \mathbf{R}$

Die Funktion hat an der Stelle $x = 0$ eine Nullstelle.

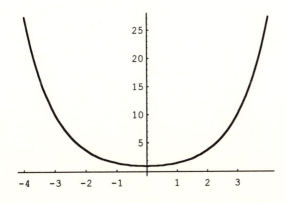

$\cosh(x) = \dfrac{e^x + e^{-x}}{2}$;
$\cosh : \mathbf{R} \to [1; \infty)$

Die Funktion hat keine Nullstelle.

Bemerkungen:

- Es gilt für alle $x \in \mathbf{R}$: $(\cosh(x))^2 - (\sinh(x))^2 = 1$ bzw. einfacher geschrieben: $\cosh^2(x) - \sinh^2(x) = 1$.

- Der Tangenshyperbolicus $\tanh(x)$ ergibt sich analog zum Tangens aus dem Quotienten $\sinh(x)$ durch $\cosh(x)$:

$$\tanh(x) = \frac{\sinh(x)}{\cosh(x)}.$$

Der Tangenshyperbolicus ist im Gegensatz zum Tangens auf ganz $\mathbf{R}$ definiert.

- Der Kotangenshyperbolicus $\coth(x)$ ergibt sich analog zum Kotangens aus dem Quotienten $\cosh(x)$ durch $\sinh(x)$:

$$\coth(x) = \frac{\cosh(x)}{\sinh(x)}, \ x \in \mathbf{R}\setminus\{0\}.$$

↗ *Aufgabe 21*

3.3 Stetigkeit

> Eine Funktion f heißt an der Stelle $x_0 \in D_f$ **stetig**, wenn
>
> $\lim_{x \to x_0} f(x) = f(x_0)$.
>
> Ist die Funktion f an jeder Stelle x_0 eines Intervalls I stetig, heißt die Funktion auf dem Intervall I stetig.

Bei Stetigkeit an der Stelle x_0 muss der Grenzwert existieren und gleich dem Funktionswert an der Stelle x_0 sein. Die Definition der Stetigkeit wirkt auf den ersten Blick etwas abstrakt. Sie besagt, dass eine Funktion f an der Stelle x_0 stetig ist, falls, wenn x nahe bei x_0 liegt, auch f(x) nahe bei $f(x_0)$ liegt. Geringe Änderungen der x-Werte haben dann auch nur geringe Änderungen der Funktionswerte zur Folge. Dies ist z.B. bei einer Sprungstelle nicht der Fall.

Anschaulich bedeutet die Stetigkeit einer Funktion auf dem Intervall I, dass das Schaubild der Funktion für alle $x_0 \in I$ ohne Sprünge und Lücken (also „ohne abzusetzen") gezeichnet werden kann.

Beispiel:

Gegeben sei die Funktion $f : \mathbf{R} \to \mathbf{R}$ mit $f(x) = \begin{cases} 3 & \text{für } x < 2 \\ x^2 & \text{für } x \geq 2 \end{cases}$.

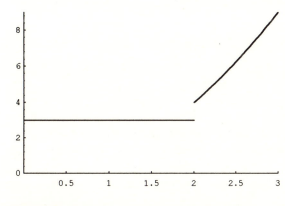

Diese Funktion ist an der Stelle x = 2 nicht stetig, denn ab dieser Stelle springt der Funktionswert von 3 auf 4.

Wie zu sehen ist, ist an der Unstetigkeitsstelle x = 2 der linksseitige Grenzwert vom rechtsseitigen Grenzwert verschieden.

Hinweise:
- Alle Polynome sind auf $I = \mathbf{R}$ stetig.
- Bei einem "Knick" im Graphen der Funktion ist die Funktion trotzdem stetig.

↗ *Aufgabe 22*

3.4 Symmetrie und Grenzwertverhalten

Bei der Symmetrie einer Funktion sind oft zwei Arten von Symmetrien von besonderem Interesse. Die eine Art ist die **Achsensymmetrie zur y-Achse** und die andere ist die **Punktsymmetrie zum Koordinatenursprung** (0;0). Hierbei gilt:

Eine Funktion ist **achsensymmetrisch zur y-Achse**, falls gilt:

$f(x) = f(-x)$ für alle $x \in D_f$.

Eine Funktion ist **symmetrisch zum Koordinatenursprung** (0;0) (**punktsymmetrisch zum Ursprung**), falls gilt:

$f(x) = -f(-x)$ für alle $x \in D_f$.

Beispiele:
Ein Polynom, welches nur gerade Potenzen in x aufweist, ist achsensymmetrisch zur y-Achse: z.B. $f(x) = 4x^4 - 5x^2 + 7$. Hier gilt:

$f(-x) = 4(-x)^4 - 5(-x)^2 + 7 = 4x^4 - 5x^2 + 7 = f(x)$ für alle $x \in \mathbf{R}$.

Ein Polynom, welches nur ungerade Potenzen in x aufweist ($a_0=0$), ist punktsymmetrisch zum Koordinatenursprung: z.B. $f(x) = x^5 - 2x^3 + 4x$. Hier gilt:

$-f(-x) = -((-x)^5 - 2(-x)^3 + 4(-x)) = -(-x^5 + 2x^3 - 4x) = x^5 - 2x^3 + 4x = f(x)$ für alle $x \in \mathbf{R}$.

Die Funktion $f : \mathbf{R} \to \mathbf{R}$ mit $f(x) = \cos(x)$ ist achsensymmetrisch zur y-Achse, da

$f(x) = \cos(x) = \cos(-x) = -f(x)$.

$\square$

Beim **Grenzwertverhalten** einer Funktion f wird untersucht, wie sich die Funktion bei sehr großen ($x \to \infty$) oder sehr kleinen x-Werten ($x \to -\infty$) verhält, d.h., es ist zu berechnen:

$\lim_{x \to \infty} f(x)$ und $\lim_{x \to -\infty} f(x)$.

Bei Polynomen f vom Grad n mit

$f(x) = a_n x^n + a_{n-1} x^{n-1} + \ldots + a_2 x^2 + a_1 x + a_0$

gilt:

(a) Ist n gerade und $a_n > 0$, so gilt: $\lim\limits_{x \to \infty} f(x) = \infty$ bzw. $\lim\limits_{x \to -\infty} f(x) = \infty$.

(b) Ist n gerade und $a_n < 0$, so gilt: $\lim\limits_{x \to \infty} f(x) = -\infty$ bzw. $\lim\limits_{x \to -\infty} f(x) = -\infty$.

(c) Ist n ungerade und $a_n > 0$, so gilt: $\lim\limits_{x \to \infty} f(x) = \infty$ bzw. $\lim\limits_{x \to -\infty} f(x) = -\infty$.

(d) Ist n ungerade und $a_n < 0$, so gilt: $\lim\limits_{x \to \infty} f(x) = -\infty$ bzw. $\lim\limits_{x \to -\infty} f(x) = \infty$.

Beispiele:
Gegeben sei die Funktion f mit $f(x) = -5x^4 + x^3 - 7$, $x \in \mathbf{R}$.
Es gilt: n = 4 ist gerade und $a_n = -5 < 0$, also folgt:

$\lim\limits_{x \to \infty} f(x) = -\infty$ bzw. $\lim\limits_{x \to -\infty} f(x) = -\infty$.

Gegeben sei die Funktion f mit $f(x) = 5x^3 + x - 7$, $x \in \mathbf{R}$.
Es gilt: n = 3 ist gerade und $a_n = 5 > 0$, also folgt:

$\lim\limits_{x \to \infty} f(x) = \infty$ bzw. $\lim\limits_{x \to -\infty} f(x) = -\infty$. □

↗ *Aufgabe 23*

4 Differential- und Integralrechnung

4.1 Differentialrechnung

Wie wir im Kapitel über Geraden gesehen haben, hat die Funktion f mit $f(x) = m \cdot x + b$ an jeder Stelle $x = x_0$ die Steigung m. Eine konstante Steigung ist aber nicht bei allen Funktionen der Fall. Die Normalparabel $f(x) = x^2$ hat z.B. an der Stelle $x = 1$ eine andere Steigung als an der Stelle $x = 2$. Hier ist die Steigung von x abhängig; die Steigung kann als Funktion von x dargestellt werden. Jedoch ist die Steigung nicht so leicht wie bei einer Geraden abzulesen.

Mit Hilfe der Differentialrechnung wollen wir nun eine Funktion f' bestimmen, deren Funktionswert $f'(x_0)$ die Steigung der Funktionen f an einer beliebigen Stelle $x = x_0$ angibt. Die Funktion f' wird als **Ableitung** der Funktion f bezeichnet.

4.1.1 Differentialquotient

Bei der Bestimmung der Steigung einer Geraden haben wir gesehen, dass diese berechnet werden kann, indem der Zuwachs in y-Richtung $(y_1 - y_0)$ ins Verhältnis zum Zuwachs in x-Richtung $(x_1 - x_0)$ gesetzt wird. Dies können wir nun ausnutzen, um eine Näherung für die Steigung an der Stelle $x = x_0$ einer beliebigen Funktion f zu bekommen.

Wir gehen hierzu von der Stelle x_0 eine kleine Schrittweite h nach rechts zu $x_0 + h$. In y-Richtung steigt oder fällt dann die Funktion von dem Wert $f(x_0)$ auf den Wert $f(x_0 + h)$. Im Beispiel auf der nächsten Seite steigt die Funktion: Vom Punkt P zum Punkt Q. Wir erhalten dann den folgenden Quotienten (genannt **Differenzenquotient**) als Näherung für die Steigung der Funktion f an der Stelle $x = x_0$:

$$\frac{f(x_0 + h) - f(x_0)}{(x_0 + h) - x_0} = \frac{f(x_0 + h) - f(x_0)}{h}.$$

Der Wert, der sich aus dem obigen Quotienten ergibt, ist die Sekantensteigung. Die Sekante schneidet den Graphen der Funktion f in den Punkten

$P = (x_0; f(x_0))$ und $Q = (x_0 + h; f(x_0 + h))$.

4.1 Differentialrechnung

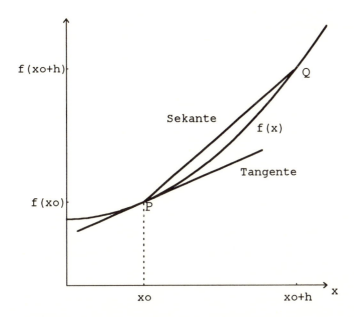

Wenn wir nun die Schrittweite h gegen Null gehen lassen, wird die Näherung für die Steigung an der Stelle $x = x_0$ immer besser. Führen wir den Grenzübergang von $h \to 0$ durch, erhalten wir im Grenzfall die Steigung $f'(x_0)$ der Funktion f an der Stelle $x = x_0$ (dies ist dann auch die Steigung der Tangente an der Stelle $x = x_0$), falls diese existiert:

$$f'(x_0) = \lim_{h \to 0} \frac{f(x_0 + h) - f(x_0)}{h}.$$

Der obige Grenzwert heißt **Differentialquotient**. Der Wert wird auch als **Ableitung** der Funktion f an der Stelle x_0 bezeichnet. Als Beispiel werden wir im Folgenden die Ableitungen einiger Funktionen berechnen. Es werden sich dann bestimmte Gesetzmäßigkeiten ergeben, so dass Sie nicht bei jeder Funktion die Ableitung auf diese nicht ganz einfache Art bestimmen müssen.

Beispiele:
Es soll die Ableitung der Funktion f mit $f(x) = x^2$ an der Stelle $x = x_0$ bestimmt werden:

$$\begin{aligned} f'(x_0) &= \lim_{h \to 0} \frac{f(x_0 + h) - f(x_0)}{h} = \lim_{h \to 0} \frac{(x_0 + h)^2 - x_0^2}{h} \\ &= \lim_{h \to 0} \frac{x_0^2 + 2x_0 h + h^2 - x_0^2}{h} = \lim_{h \to 0} \frac{2x_0 h + h^2}{h} = \lim_{h \to 0}(2x_0 + h) = 2x_0. \end{aligned}$$

Die Funktion f mit $f(x) = x^2$ hat also die Ableitung $f'(x) = 2x$. Nun können wir die Steigung der Funktion an der Stelle $x = 1$ bestimmen: $f'(1) = 2 \cdot 1 = 2$.

Wir wollen jetzt die Ableitung einer anderen Funktion f bestimmen, nämlich von $f(x) = x^3$:

$$\begin{aligned} f'(x_0) &= \lim_{h \to 0} \frac{f(x_0 + h) - f(x_0)}{h} = \lim_{h \to 0} \frac{(x_0 + h)^3 - x_0^3}{h} \\ &= \lim_{h \to 0} \frac{x_0^3 + 3x_0^2 h + 3x_0 h^2 + h^3 - x_0^3}{h} = \lim_{h \to 0} \frac{3x_0^2 h + 3x_0 h^2 + h^3}{h} \\ &= \lim_{h \to 0} \left(3x_0^2 + 3x_0 h + h^2 \right) = 3x_0^2. \end{aligned}$$

Die Funktion f mit $f(x) = x^3$ hat also die Ableitung $f'(x) = 3x^2$. Die Steigung der Funktion beispielsweise an der Stelle $x = 2$ ist: $f'(2) = 3 \cdot 2^2 = 12$.

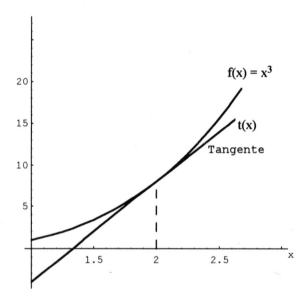

Im Folgenden wollen wir die Gleichung der Tangente t an der Stelle $x = 2$ der obigen Funktion f bestimmen. Die oben berechnete Steigung ist auch zugleich die Steigung m der Tangente $t(x) = m \cdot x + b$ an der Stelle $x = 2$. Also ist $m = 12$. Wir bestimmen nun noch den unbekannten Parameter b der Tangentengleichung: Die Tangente berührt die Funktion f an dem Punkt $(2; f(2)) = (2; 8)$ und muss somit an dieser Stelle den gleichen Funktionswert besitzen. Es gilt also:

$t(2) = 12 \cdot 2 + b = 8 \Rightarrow b = -16$.

Es ergibt sich an der Stelle $x = 2$ die Gleichung der Tangente: $t(x) = 12x - 16$. □

4.1 Differentialrechnung

Bei der Ableitung der Funktionen f mit $f(x) = x^n$ ($n \in \mathbb{N}$) ergibt sich eine Gesetzmäßigkeit. Wir haben gesehen, dass $f(x) = x^2$ die Ableitung $f'(x) = 2x$ und $f(x) = x^3$ die Ableitung $f'(x) = 3x^2$ besitzt. Es gilt: $f(x) = x^n$; $f'(x) = n \cdot x^{n-1}$. Diese Erkenntnis lässt sich verallgemeinern:

$$f(x) = x^a \Rightarrow f'(x) = a \cdot x^{a-1} \quad \text{für } a \in \mathbb{R} \setminus \{0\}.$$

Beispiele:
$f(x) = x^5$ (also $a = 5$) $\Rightarrow f'(x) = 5 \cdot x^{5-1} = 5 \cdot x^4$.

$f(x) = \sqrt{x} = x^{1/2} \Rightarrow f'(x) = 1/2 \cdot x^{1/2-1} = 1/2 \cdot x^{-1/2} = \dfrac{1}{2 \cdot \sqrt{x}}$.

$f(x) = \dfrac{1}{x^3} = x^{-3} \Rightarrow f'(x) = -3 \cdot x^{-3-1} = -3 \cdot x^{-4} = -\dfrac{3}{x^4}$. □

Weiterhin ist zu beachten:

(1) Konstante Faktoren werden bei der Ableitung einer Funktion nicht verändert.

Beispiel:
$f(x) = 3 \cdot x^7 \Rightarrow f'(x) = 3 \cdot 7 \cdot x^{7-1} = 21 \cdot x^6$. □

(2) Die Ableitung von $f(x) = x$ ergibt $f'(x) = 1$ und die Ableitung der konstanten Funktion $f(x) = c$ ($c \in \mathbb{R}$) ergibt $f'(x) = 0$.

Beispiele:
$f(x) = 5x \Rightarrow f'(x) = 5 \cdot 1 = 5$. $\qquad g(x) = -3 \Rightarrow g'(x) = 0$. □

(3) Besteht eine Funktion aus mehreren Summanden, werden diese unabhängig voneinander einzeln abgeleitet.

Beispiel:
$f(x) = x^4 + 2x^3 - 5x^2 \Rightarrow f'(x) = 4x^3 + 6x^2 - 10x$. □

(4) Die zweite Ableitung $f''(x)$ ist die Ableitung der ersten Ableitung $f'(x)$. Analog wird die dritte Ableitung $f'''(x)$ gebildet. Als Symbol wird ab der vierten Ableitung eine "4" in Klammern - anstelle von vier Strichen - verwendet: $f^{(4)}(x)$.

Beispiel:
Gegeben sei die Funktion f mit $f(x) = 3x^4 + x^3 - 2x^2 + 3x + 2$. Dann gilt
$f'(x) = 12x^3 + 3x^2 - 4x + 3 \Rightarrow f''(x) = 36x^2 + 6x - 4 \Rightarrow f'''(x) = 72x + 6$
$\Rightarrow f^{(4)}(x) = 72 \Rightarrow f^{(5)}(x) = 0$.

□

Einige Funktionen und ihre Ableitungen:

	Funktion f(x)	f '(x)
Potenz- und Wurzelfunktionen	x	1
	x^2	$2x$
	x^p	$p \cdot x^{p-1}$ $(p \in \mathbf{R} \setminus \{0\})$
	$\sqrt{x}$	$\dfrac{1}{2 \cdot \sqrt{x}}$
Trigonometrische Funktionen	$\sin(x)$	$\cos(x)$
	$\cos(x)$	$-\sin(x)$
	$\tan(x)$	$\dfrac{1}{\cos^2(x)}$
	$\cot(x)$	$-\dfrac{1}{\sin^2(x)}$
Hyperbelfunktionen	$\sinh(x)$	$\cosh(x)$
	$\cosh(x)$	$\sinh(x)$
	$\tanh(x)$	$\dfrac{1}{\cosh^2(x)}$
	$\coth(x)$	$-\dfrac{1}{\sinh^2(x)}$
Exponentialfunktionen	e^x	e^x
	a^x	$\ln(a) \cdot a^x$ $(a \in \mathbf{R}^+)$
Logarithmusfunktionen	$\ln(x)$	$\dfrac{1}{x}$
	$\log_a(x)$	$\dfrac{1}{x \cdot \ln(a)}$ $(a \in \mathbf{R}^+ \setminus \{1\})$

↗ *Aufgabe 24*

4.1.2 Produkt- und Quotientenregel

Mit Hilfe der **Produktregel** kann das Produkt aus zwei Funktionen u und v abgeleitet werden:

$$f(x) = u(x) \cdot v(x) \implies f'(x) = u'(x) \cdot v(x) + u(x) \cdot v'(x).$$

Beispiel:
$f(x) = x^2 \cdot \sin(x)$.
Wir bezeichnen den einen Faktor als u(x) und den anderen Faktor als v(x), womit gilt:
$\quad u(x) = x^2 \implies u'(x) = 2x$
$\quad v(x) = \sin(x) \implies v'(x) = \cos(x)$.

Also ergibt sich die Ableitung:
$f'(x) = u'(x) \cdot v(x) + u(x) \cdot v'(x) = 2x \cdot \sin(x) + x^2 \cdot \cos(x)$.

□

Beispiel:
Gegeben sei die Funktion f mit $f(x) = x^3 \cdot \ln(x)$.
Wir bezeichnen den einen Faktor als u(x) und den anderen Faktor als v(x), womit gilt:
$\quad u(x) = x^3 \implies u'(x) = 3x^2$
$\quad v(x) = \ln(x) \implies v'(x) = 1/x$.

Also ergibt sich die Ableitung:
$f'(x) = u'(x) \cdot v(x) + u(x) \cdot v'(x) = 3x^2 \cdot \ln(x) + x^3 \cdot 1/x = x^2 \, (3\ln(x) + 1)$.

□

Mit Hilfe der **Quotientenregel** kann der Quotient aus zwei Funktionen u und v abgeleitet werden:

$$f(x) = \frac{u(x)}{v(x)} \implies f'(x) = \frac{u'(x) \cdot v(x) - u(x) \cdot v'(x)}{(v(x))^2} \qquad (v(x) \neq 0).$$

Mit der Quotientenregel können nun auch gebrochenrationale Funktionen abgeleitet werden.

Beispiel:

Gegeben sei die Funktion f mit $f(x) = \dfrac{x^2 - 1}{x^3 - 4x}$, $x \in \mathbf{R} \setminus \{-2; 0; 2\}$.

Wir bezeichnen den Zähler mit u(x) und den Nenner mit v(x), womit gilt:

$u(x) = x^2 - 1 \quad \Rightarrow \quad u'(x) = 2x$
$v(x) = x^3 - 4x \quad \Rightarrow \quad v'(x) = 3x^2 - 4.$

Es ergibt sich die Ableitung:

$$f'(x) = \frac{u'(x) \cdot v(x) - u(x) \cdot v'(x)}{(v(x))^2} = \frac{2x(x^3 - 4x) - (x^2 - 1)(3x^2 - 4)}{(x^3 - 4x)^2}$$

$$= \frac{2x^4 - 8x^2 - (3x^4 - 4x^2 - 3x^2 + 4)}{x^6 - 2 \cdot 4x \cdot x^3 + (4x)^2} = \frac{-x^4 - x^2 - 4}{x^6 - 8x^4 + 16x^2}.$$

Das Quadrat im Nenner muss nicht unbedingt ausmultipliziert werden. Das Ausmultiplizieren ist nicht sinnvoll, wenn die zweite, dritte oder höhere Ableitung gebildet werden soll, denn in diesen Fällen kann Zähler und Nenner mit v(x) gekürzt werden.

□

Beispiel:

Gegeben sei die Funktion f mit $f(x) = \dfrac{1}{x^3 - 4x}$.

Wir bezeichnen den Zähler mit u(x) und den Nenner mit v(x), womit gilt:

$u(x) = 1 \quad \Rightarrow \quad u'(x) = 0$
$v(x) = x^3 - 4x \quad \Rightarrow \quad v'(x) = 3x^2 - 4$

Somit ergibt sich die Ableitung:

$$f'(x) = \frac{u'(x) \cdot v(x) - u(x) \cdot v'(x)}{(v(x))^2} = \frac{-(3x^2 - 4)}{(x^3 - 4x)^2}.$$

Die Ableitung kann auch mit Hilfe der Umformung $f(x) = \dfrac{1}{x^3 - 4x} = (x^3 - 4x)^{-1}$ und der Kettenregel (vgl. Abschnitt 4.1.3) ermittelt werden.

□

↗ *Aufgabe 25*

4.1.3 Kettenregel

Die **Kettenregel** wird zur Bestimmung der Ableitung einer Funktion f verwendet, falls die Funktion aus zusammengesetzten (verketteten) Funktionen gebildet ist:

Sei $f(x) = f(u)$ und u eine Funktion von x. Zur Berechnung von f ' (also von der Ableitung von f nach x) wird zuerst die Funktion f nach u abgeleitet (so, als wäre die Funktion u die Variable x) und dann mit der Ableitung von u nach der Variablen x multipliziert. Man spricht hierbei vom Produkt aus äußerer und innerer Ableitung. Es gilt:

$$\frac{df}{dx} = \frac{df}{du} \cdot \frac{du}{dx}.$$

Beispiele:

$f(x) = \sqrt{x^2 - 1}$. Hier gilt: $f(x) = \sqrt{u}$ mit $u = x^2 - 1$.

Es ergibt sich: $\frac{df}{du} = \frac{1}{2 \cdot \sqrt{u}} = \frac{1}{2 \cdot \sqrt{x^2 - 1}}$ und $\frac{du}{dx} = 2x$. Also:

$f'(x) = \frac{df}{du} \cdot \frac{du}{dx} = \frac{1}{2 \cdot \sqrt{x^2 - 1}} \cdot 2x = \frac{x}{\sqrt{x^2 - 1}}$.

$f(x) = \sin(5x - 1)$. Hier gilt: $f(x) = \sin(u)$ mit $u = 5x - 1$.

Also: $f'(x) = \frac{df}{du} \cdot \frac{du}{dx} = \cos(5x - 1) \cdot 5 = 5\cos(5x-1)$.

$f(x) = \ln(x^4+2x+2)$. Hier ist $f(x) = \ln(u)$ mit $u = x^4+2x+2$.

Also: $f'(x) = \frac{df}{du} \cdot \frac{du}{dx} = \frac{1}{u} \cdot \frac{du}{dx} = \frac{1}{x^4+2x+2} \cdot (4x^3 + 2)$.

$f(x) = \sin(\sqrt{x^2+1})$. Hier gilt: $f(x) = \sin u$ mit $u = \sqrt{x^2+1}$.

$\frac{df}{du} = \cos(u) = \cos(\sqrt{x^2+1})$ und $\frac{du}{dx} = \frac{1}{2 \cdot \sqrt{x^2+1}} \cdot 2x = \frac{x}{\sqrt{x^2+1}}$.

Also: $f'(x) = \frac{df}{du} \cdot \frac{du}{dx} = \frac{x \cdot \cos(\sqrt{x^2+1})}{\sqrt{x^2+1}}$. □

↗ *Aufgabe 26*

4.1.4 Bestimmung lokaler Extrema

Außer den Nullstellen gibt es bei Funktionen noch weitere interessante Stellen. Diese sind u.a. Stellen, an denen die Funktion f eine **waagrechte Tangente** besitzt. An diesen Stellen ist die Steigung gleich Null. Sie erhalten diese Stellen durch Nullsetzen der ersten Ableitung, da f'(x) die Steigung an der Stelle x wiedergibt.

Beispiel:
Gegeben ist die Funktion f mit $f(x) = x^2 - 8x + 2$. Dann gilt $f'(x) = 2x - 8$.
$2x - 8 = 0 \Rightarrow x = 4$.
Die Funktion f besitzt somit an der Stelle $x_E = 4$ eine waagrechte Tangente. □

Jetzt wollen wir untersuchen, wann eine Funktion einen kleinsten bzw. größten Funktionswert, bezogen auf die unmittelbare Umgebung, annimmt. Ein solches Extremum heißt **lokales Minimum** bzw. **lokales Maximum**. Statt lokales Extremum wird oft auch die Bezeichnung **relatives** Extremum verwendet. Eine Funktion kann mehrere lokale Maxima und mehrere lokale Minima besitzen. Beispielsweise hat die Sinusfunktion (vgl. Seite 57) unendlich viele lokale Maxima und unendlich viele lokale Minima.

Lokale Extrema können mit Hilfe von Ableitungen berechnet werden.

Die Stelle, an der die erste Ableitung Null beträgt, ist ein lokales Extremum, falls die zweite Ableitung an dieser Stelle ungleich Null ist. Sie können mit Hilfe der zweiten Ableitung unterscheiden, ob es sich um ein **lokales Minimum** oder um ein **lokales Maximum** handelt, denn gilt:

$f'(x_E) = 0$ und $f''(x_E) < 0$, so liegt an der Stelle $x = x_E$ ein lokales Maximum vor.

$f'(x_E) = 0$ und $f''(x_E) > 0$, so liegt an der Stelle $x = x_E$ ein lokales Minimum vor.

Wenn aber nun $f'(x_E) = 0$ und $f''(x_E) = 0$ ist, wird die Sache schwieriger. Dann benötigen Sie noch weitere Ableitungen:

Ist $f'''(x_E) \neq 0$, so liegt an der Stelle $x = x_E$ kein Extremum, sondern ein Wendepunkt vor, vgl. Abschnitt 4.1.5. Dieser Wendepunkt wird **Sattelpunkt** genannt, da an dieser Stelle der Graph der Funktion eine waagrechte Tangente hat.
Ist aber die dritte Ableitung an der Stelle x_E ebenfalls gleich Null und $f^{(4)}(x_E) = 0$, $f^{(5)}(x_E) = 0$, ..., $f^{(n-1)}(x_E) = 0$ und $f^{(n)}(x_E) \neq 0$, wobei n gerade ist, so liegt ein lokales Extremum (Maximum oder Minimum) vor. Dies ist natürlich nur bei Spezialfällen zu berücksichtigen. In den meisten Fällen werden zur Berechnung lokaler Extrema nur die erste und die zweite Ableitung benötigt.

Beispiel (Fortsetzung von oben):

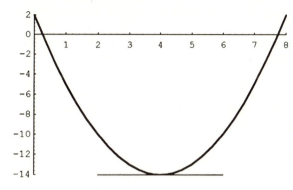

Gegeben ist die obige Funktion f mit $f(x) = x^2 - 8x + 2$. Dann gilt: $f''(x) = 2$, womit $f''(x_E) = f''(4) = 2 > 0$.

Daher liegt an der Stelle $x = 4$ bzw. an dem Punkt
$(4; f(4)) = (4; -14)$
ein lokales Minimum vor.

□

Beispiel:
Gesucht sind die lokalen Extrema der Funktion f mit $f(x) = x^3 - 27x$, $x \in \mathbf{R}$.
Es gilt nun:
$$f'(x) = 3x^2 - 27,$$
$$f''(x) = 6x.$$

Setzen Sie die erste Ableitung gleich Null, erhalten Sie $3x_E^2 - 27 = 0$. Daraus folgt $x_{E1} = 3$ und $x_{E2} = -3$. Wegen

$$f''(x_{E1}) = f''(3) = 18 > 0 \text{ und } f''(x_{E2}) = f''(-3) = -18 < 0,$$

liegt an der Stelle $x_{E1} = 3$ ein lokales Minimum und an der Stelle $x_{E2} = -3$ ein lokales Maximum vor.

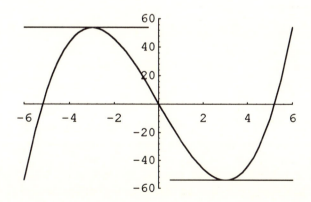

□

Beispiel, bei dem neben der zweiten noch weitere Ableitungen gebraucht werden:
$f(x) = 1/30 \cdot x^6$,
$f'(x) = 1/5 \cdot x^5 = 0 \Leftrightarrow x = 0$.

Somit liegt an der Stelle $x_E = 0$ eine Nullstelle der ersten Ableitung vor. Nun setzen wir diese in die zweite Ableitung ein:

$f''(x) = x^4$, also $f''(0) = 0$.

Wie zu sehen ist, ist der Funktionswert der zweiten Ableitung an der Stelle x_E ebenfalls Null, deshalb prüfen wir weiter:
$f'''(x) = 4x^3$, also $f'''(x_E) = f'''(0) = 0$;
$f^{(4)}(x) = 12x^2$, also $f^{(4)}(x_E) = f^{(4)}(0) = 0$;
$f^{(5)}(x) = 24x$, also $f^{(5)}(x_E) = f^{(5)}(0) = 0$;
$f^{(6)}(x) = 24$, also $f^{(6)}(x_E) = f^{(6)}(0) = 24 \neq 0$.

Also ist die sechste Ableitung an der Stelle $x_E = 0$ ungleich Null und $n = 6$ ist gerade. Deshalb liegt an dieser Stelle ein lokales Extremum vor. Da $f^{(6)}(0) = 24 > 0$ handelt es sich hierbei um ein lokales Minimum.

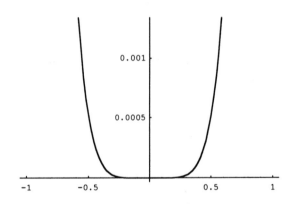

□

↗ *Aufgabe 27*

4.1.5 Bestimmung von Wendepunkten

In einem **Wendepunkt** ändert sich die Art der Kurvenkrümmung: Die Kurve geht von einer Links- in eine Rechtskurve über oder umgekehrt. Ist die Steigung der Kurve im Wendepunkt Null, heißt der Wendepunkt auch **Sattelpunkt**.
Als **Wendetangente** wird die Tangente im Wendepunkt bezeichnet.

Bei der Bestimmung von Wendepunkten wird ähnlich wie bei der Bestimmung lokaler Extrema vorgegangen, nur dass hier die Nullstellen der zweiten Ableitung bestimmt werden. Sei nun x_W eine Nullstelle der zweiten Ableitung, es gelte also $f''(x_W) = 0$. Bestimmen Sie nun die dritte Ableitung f''' und den Funktionswert $f'''(x_W)$ der dritten Ableitung an der Stelle x_W.

Gilt $f''(x_W) = 0$ und $f'''(x_W) \neq 0$, dann liegt an der Stelle x_W ein Wendepunkt vor.

Falls $f''(x_W) = 0$ und $f'''(x_W) = 0$ ist und $f^{(4)}(x_W) = 0$, $f^{(5)}(x_W) = 0$, ..., $f^{(n-1)}(x_W) = 0$ und $f^{(n)}(x_W) \neq 0$ (und n ist ungerade), liegt ein Wendepunkt vor.

Beispiel:
Gegeben sei die Funktion f mit $f(x) = x^3 - 6x^2 + x - 2$, $x \in \mathbf{R}$. Dann gilt:

$f'(x) = 3x^2 - 12x + 1$, $\quad f''(x) = 6x - 12$, $\quad f'''(x) = 6$.

$f''(x_W) = 0 \Rightarrow 6x_W - 12 = 0$, also $x_W = 2$. Da $f'''(x_W) = f'''(2) = 6 \neq 0$, liegt an der Stelle $x_W = 2$ ein Wendepunkt vor: $W = (2; -16)$. Der Graph der Funktion geht von einer Rechtskurve in eine Linkskurve über.

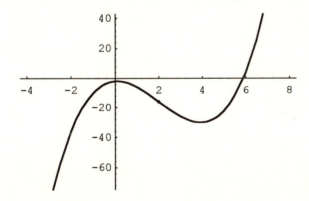

↗ *Aufgabe 28*

4.2 Monotonie

(a) Eine Funktion $f: \mathbf{R} \to \mathbf{R}$ heißt **streng monoton steigend** auf einem Intervall $I \subseteq D_f$, falls gilt:

$$x_1 < x_2 \Rightarrow f(x_1) < f(x_2), \text{ für alle } x_1, x_2 \in I.$$

Gilt statt $f(x_1) < f(x_2)$ nur $f(x_1) \leq f(x_2)$, heißt die Funktion f auf dem Intervall I **monoton steigend**.

(b) Eine Funktion $f: \mathbf{R} \to \mathbf{R}$ heißt **streng monoton fallend** auf einem Intervall $I \subseteq D_f$, falls gilt:

$$x_1 < x_2 \Rightarrow f(x_1) > f(x_2), \text{ für alle } x_1, x_2 \in I.$$

Analog heißt die Funktion f auf dem Intervall I **monoton fallend**, falls statt $f(x_1) > f(x_2)$ nur $f(x_1) \geq f(x_2)$ gilt.

Da die oberen Eigenschaften in vielen Fällen nur schwer direkt nachgewiesen werden können, verwendet man folgenden Satz:

Ist eine Funktion f auf dem Intervall $I = [a; b]$ stetig und auf dem Intervall $(a; b)$ differenzierbar, dann gilt

(a) f ist auf I **streng monoton steigend**, falls gilt:

$f'(x) > 0$, für alle $x \in (a; b)$.

Gilt anstatt $f'(x) > 0$ die Eigenschaft $f'(x) \geq 0$ für alle $x \in (a; b)$, so ist die Funktion f auf dem Intervall I **monoton steigend**.

(b) f ist auf I **streng monoton fallend**, falls gilt:

$f'(x) < 0$, für alle $x \in (a; b)$.

Gilt anstatt $f'(x) < 0$ die Eigenschaft $f'(x) \leq 0$ für alle $x \in (a; b)$, so ist die Funktion f auf dem Intervall I nur **monoton fallend**.

4.2 Monotonie

Beispiel:
Auf welchen Intervallen ist die Funktion f mit $f(x) = -2x^2 + 8x + 1$, $x \in \mathbf{R}$, streng monoton fallend bzw. streng monoton steigend?

Da f ein Polynom ist, ist f stetig und differenzierbar auf $\mathbf{R}$.

$$f'(x) = -4x + 8 > 0 \quad |-8$$
$$-4x > -8 \quad |:(-4)$$
$$x < 2$$

Somit ist die Funktion f auf dem Intervall $I_1 = (-\infty; 2)$ streng monoton steigend.

$$f'(x) = -4x + 8 < 0 \quad |-8$$
$$-4x < -8 \quad |:(-4)$$
$$x > 2$$

Deshalb ist die Funktion f auf dem Intervall $I_2 = (2; \infty)$ streng monoton fallend.

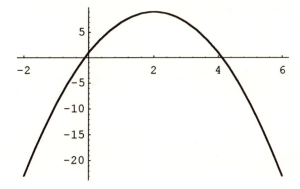

↗ *Aufgabe 29*

4.3 Bijektivität und Umkehrbarkeit

> Eine Funktion f(x) heißt **injektiv** (oder **eineindeutig**) auf dem Intervall $I \subseteq D_f$, falls für alle a, b $\in$ I gilt:
>
> $a \neq b \Rightarrow f(a) \neq f(b)$.

Ist also eine Funktion auf dem Intervall I injektiv, hat diese Funktion an zwei verschiedenen Stellen a und b immer auch zwei verschiedene Funktionswerte f(a) und f(b).

Beispiel:
Die Funktion f mit $f(x) = x^2$ ist auf dem Intervall $I = \mathbf{R}$ nicht injektiv, denn $f(-2) = (-2)^2 = 4 = f(2)$. Schränken Sie jedoch das Intervall I auf die positiven reellen Zahlen ein ($I = \mathbf{R}^+$), so ist die Funktion f injektiv.

□

Eine auf dem Intervall I streng monoton steigende oder eine streng monoton fallende Funktion ist auf diesem Intervall injektiv.

> Eine Funktion f heißt **surjektiv**, falls es für jedes y aus dem Zielbereich (mindestens) ein x aus dem Definitionsbereich gibt, derart dass:
>
> $f(x) = y$.

Im Allgemeinen kann durch Einschränkung des Zielbereichs auf den Wertebereich die Surjektivität erreicht werden.

Beispiel:
Die Funktion $f: \mathbf{R}^- \to \mathbf{R}^+$ mit $f(x) = \sqrt{-x}$ ist surjektiv, denn es existiert zu jedem $y \in \mathbf{R}^+$ ein $x \in \mathbf{R}^-$ mit $f(x) = y$, da $y = \sqrt{-x} \Rightarrow y^2 = -x \Rightarrow x = -y^2$.

Die Funktion $g: \mathbf{R}^+ \to \mathbf{R}^-$ mit $g(x) = -x^2$ ist somit die Umkehrfunktion der Funktion f mit $f(x) = \sqrt{-x}$.

Zum Funktionswert $y = 2$ gehört der Wert $x = -2^2 = -4$, denn es gilt:
$f(-4) = \sqrt{-(-4)} = \sqrt{4} = 2$.

□

4.3 Bijektivität und Umkehrbarkeit

Die Umkehrfunktion einer Funktion f wird mit f^{-1} bezeichnet.

Ist eine Funktion injektiv und surjektiv, wird sie als **bijektiv** bezeichnet.

Eine Funktion f besitzt nur dann eine Umkehrfunktion f^{-1}, falls die Funktion f bijektiv ist. Die Umkehrfunktion bildet dann den Wertebereich der Funktion f auf den Definitionsbereich ab: $f^{-1} : W_f \to D_f$.

Beispiel:
Die Funktion $f : \mathbf{R}^+ \to \mathbf{R}^+$ mit $f(x) = x^2$ ist bijektiv. Die Umkehrfunktion erhalten Sie, falls Sie die Gleichung $y = x^2$ nach x auflösen. Also:

$f^{-1}(x) = \sqrt{x}$; $f^{-1} : \mathbf{R}^+ \to \mathbf{R}^+$.

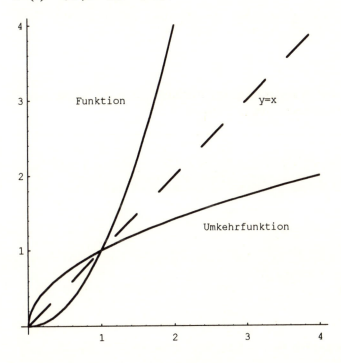

Die Umkehrfunktion kann durch Spiegelung der Funktion f an der Geraden $y = x$ graphisch konstruiert werden.

↗ *Aufgabe 30*

4.4 Kurvendiskussion am Beispiel

Es soll nun an einem Beispiel eine Kurvendiskussion durchgeführt werden. Im Rahmen der **Kurvendiskussion** werden die folgenden Eigenschaften einer Funktion untersucht:

1) Nullstellen
2) Grenzwertverhalten ($\lim_{x \to \infty} f(x)$ und $\lim_{x \to -\infty} f(x)$)
3) Symmetrie
4) Extremwerte
5) Wendepunkte
6) Schaubild

Bei gebrochenrationalen Funktionen sind zusätzlich Polstellen und Asymptoten von Interesse (eventuell muss auch der Definitionsbereich festgelegt werden). Außerdem wird oft bei Kurvendiskussionen zusätzlich die Monotonie untersucht.

Beispiel:

Wir führen nun eine Kurvendiskussion an der Funktion f mit $f(x) = x^4 - 8x^2$, $x \in \mathbf{R}$, durch:

1) Nullstellen:

Es empfiehlt sich bei der Funktionsgleichung x^2 auszuklammern: $f(x) = x^4 - 8x^2 = x^2(x^2 - 8)$. Somit ergibt sich die Nullstellen $x_{1/2} = 0$ und $x_{3/4} = \pm\sqrt{8}$.

2) Grenzwertverhalten:

$$\lim_{x \to \infty} f(x) = \lim_{x \to \infty} \left(x^4 - 8x^2\right) = \infty,$$
$$\lim_{x \to -\infty} f(x) = \lim_{x \to -\infty} \left(x^4 - 8x^2\right) = \infty.$$

3) Symmetrie:

Die Funktion f ist symmetrisch zur y-Achse, denn sie besitzt nur gerade x-Potenzen: $f(-x) = (-x)^4 - 8(-x)^2 = x^4 - 8x^2 = f(x)$.

Hinweis:
Die Graphen aller Polynome und auch aller ganzrationalen Funktionen, die nur gerade x-Potenzen aufweisen, sind symmetrisch zur y-Achse.

4.4 Kurvendiskussion am Beispiel

4) Extremwerte:

$f'(x) = 4x^3 - 16x = x(4x^2 - 16) = 0 \Rightarrow x_{E1} = 0, x_{E2} = 2, x_{E3} = -2$.
$f''(x) = 12x^2 - 16$

$f''(x_{E1}) = f''(0) = -16 < 0$, somit liegt an der Stelle $x = 0$ ein lokales Maximum vor.
$f''(x_{E2}) = f''(2) = 32 > 0$, somit liegt an der Stelle $x = 2$ ein lokales Minimum vor.
$f''(x_{E3}) = f''(-2) = 32 > 0$, somit liegt an der Stelle $x = -2$ ein lokales Minimum vor.

Also gilt: $E_1 = (0;f(0)) = (0;0)$; $E_2 = (2;f(2)) = (2;-16)$; $E_3 = (-2;f(-2)) = (-2;-16)$.

5) Wendepunkte:

$f''(x) = 12x^2 - 16 = 0 \Rightarrow x_{W1} = \sqrt{4/3}, x_{W2} = -\sqrt{4/3}$.
$f'''(x) = 24x$
$f'''(x_{W1}) = f'''(\sqrt{4/3}) = 24 \cdot \sqrt{4/3} \neq 0$. Damit liegt an der Stelle $x_{W1} = \sqrt{4/3}$ ein Wendepunkt vor.
$f'''(x_{W2}) = f'''(-\sqrt{4/3}) = -24 \cdot \sqrt{4/3} \neq 0$. Damit liegt an der Stelle $x_{W2} = -\sqrt{4/3}$ ein Wendepunkt vor.

Also: $W_1 = (\sqrt{4/3};f(\sqrt{4/3})) = (\sqrt{4/3};-80/9)$;
$W_2 = (-\sqrt{4/3};f(-\sqrt{4/3})) = (-\sqrt{4/3};-80/9)$.

6) Schaubild:

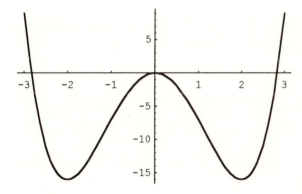

□

↗ *Aufgabe 31*

4.5 Integration

4.5.1 Herleitung der Integration

Wir wollen nun zunächst die Fläche zwischen dem Graphen der Funktion f und der x-Achse in einem Intervall I = [a; b] bestimmen. Hierzu berechnen wir zunächst eine Näherung für diese Fläche, indem wir eine Summe von Flächen von Rechtecken ermitteln:

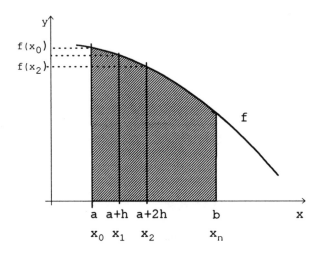

Dazu zerlegen wir das Intervall I = [a; b] in n gleich breite Teile (äquidistante Einteilung). Für die Breite der Rechtecke gilt: $h = \dfrac{b-a}{n}$.

Die Abgrenzungen der Teilstücke bezeichnen wir mit

$x_0 = a$, $x_1 = x_0 + h$, $x_2 = x_0 + 2h$, ... , $x_n = b = x_0 + n \cdot h$.

Die i-te Abgrenzung ergibt sich aus: $x_i = x_0 + i \cdot h = x_0 + i \cdot \dfrac{b-a}{n}$ mit $0 \leq i \leq n$.

Wollen Sie nun die gesuchte Fläche annähern, so können Sie dies auf zwei Arten mit n Rechtecken der Breite h tun:

(a) Es werden die Rechtecke so definiert, dass der größte Funktionswert im jeweiligen Teilintervall $[x_{i-1}; x_i]$, $i = 1, ..., n$, als Höhe des Rechtecks angesehen wird. In der obigen Graphik ist dies immer am linken Rand des Teilintervalls, da die Funktion monoton fallend ist. $f(x_0)$ ist die Höhe des ersten Rechtecks, $f(x_1)$ die Höhe des zweiten und $f(x_{n-1})$ die Höhe des n–ten Rechtecks, vgl. obiges Schaubild.

(b) Es werden die Rechtecke so definiert, dass jeweils der kleinste Funktionswert im Teilintervall als Höhe des Rechtecks angesehen wird. In der obigen Graphik ist

4.5 Integration

dies immer am rechten Rand des Teilintervalls. $f(x_1)$ ist dann die Höhe des ersten Rechtecks, $f(x_2)$ die des zweiten und $f(x_n)$ die Höhe des letzten Rechtecks.

Summieren Sie die Flächen der Rechtecke unter (a) oder unter (b), erhalten Sie jeweils eine Näherung für die gesuchte Fläche zwischen Kurve und x-Achse im Intervall I. Hierbei wird im Fall (b) die wahre Fläche unter-, im Fall (a) überschätzt. Da die eine Summe die wahre Fläche unter- und die andere diese überschätzt, wird in diesem Zusammenhang von der **Untersumme** S_U und der **Obersumme** S_O gesprochen. Existiert die gesuchte Fläche, müssen die beiden Summen bei immer kleiner werdenden h (bzw. immer größer werdenden n) gegen die gesuchte (tatsächliche) Fläche konvergieren. Der Grenzwert, falls er existiert, heißt **bestimmtes Integral** von a bis b über f(x), geschrieben:

$$\int_a^b f(x)dx.$$

a heißt **untere Integrationsgrenze**, b **obere Grenze**. f(x) ist der **Integrand**, x die **Integrationsvariable**.

Beispiel:
Es soll eine Näherung für die Fläche zwischen der Kurve der Funktion f mit $f(x) = x^2$ und der x-Achse in dem Intervall $I = [1; 4] = [a; b] = [x_0; x_n]$ bestimmt werden. Wenn das Intervall I beispielsweise in n = 6 gleich große Teile zerlegt wird, ergibt sich für die Breite h eines Teilintervalls:

$$h = \frac{b-a}{n} = \frac{4-1}{6} = 0{,}5.$$

Die Ränder der Rechtecke ergeben sich durch: $x_i = x_0 + i \cdot h = 1 + i \cdot 0{,}5$; $0 \le i \le 6$.
Also: $x_0 = 1 + 0 \cdot 0{,}5 = 1$; $x_1 = 1 + 1 \cdot 0{,}5 = 1{,}5$; ... ; $x_6 = 1 + 6 \cdot 0{,}5 = 4$.

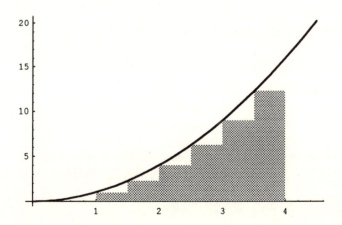

Es ergibt sich die Untersumme:

$$
\begin{aligned}
S_U &= h \cdot f(x_0) + h \cdot f(x_1) + \ldots + h \cdot f(x_5) \\
&= h \cdot (f(x_0) + f(x_1) + f(x_2) + f(x_3) + f(x_4) + f(x_5)) \\
&= 0{,}5 \cdot (f(1) + f(1{,}5) + f(2) + f(2{,}5) + f(3) + f(3{,}5)) \\
&= 0{,}5 \cdot (1 + 2{,}25 + 4 + 6{,}25 + 9 + 12{,}25) \\
&= 17{,}375
\end{aligned}
$$

und die Obersumme:

$$
\begin{aligned}
S_O &= h \cdot f(x_1) + h \cdot f(x_2) + \ldots + h \cdot f(x_6) \\
&= h \cdot (f(x_1) + f(x_2) + f(x_3) + f(x_4) + f(x_5) + f(x_6)) \\
&= 0{,}5 \cdot (f(1{,}5) + f(2) + f(2{,}5) + f(3) + f(3{,}5) + f(4)) \\
&= 0{,}5 \cdot (2{,}25 + 4 + 6{,}25 + 9 + 12{,}25 + 16) \\
&= 24{,}875
\end{aligned}
$$

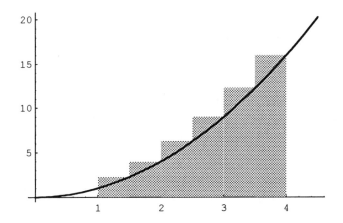

□

Statt die Fläche über Ober- und Untersummen zu bestimmen und dann die Anzahl der Teilintervalle zu vergrößern, kann unter bestimmten Voraussetzungen das **bestimmte Integral** einer Funktion f mit Hilfe einer **Stammfunktion** F einfacher berechnet werden:

$$\int_a^b f(x)dx = \left[F(x)\right]_a^b = F(b) - F(a).$$

Zur Berechnung des Integrals muss nun nur noch geklärt werden, wann es eine solche Funktion F gibt und wie sie berechnet werden kann. Die Differenz von F(b) und F(a) ergibt dann das Integral. Eine solche Funktion F, genannt Stammfunktion, kann über folgende Beziehung ermittelt werden:

4.5 Integration

> Eine Stammfunktion F besitzt folgende Eigenschaft: $F'(x) = f(x)$.

Die Ableitung einer Stammfunktion F ist die Funktion f selbst, womit Sie die Stammfunktion über die Umkehrung der Differentiation erhalten.

Beispiel (Fortsetzung von oben):
Eine Stammfunktion der Funktion f mit $f(x) = x^2$ ist die Funktion die Funktion F mit $F(x) = \frac{1}{3} x^3$, was Sie durch eine Probe verifizieren können.

Deshalb gilt: $\int_1^4 x^2 dx = \left[\frac{1}{3} x^3\right]_1^4 = \frac{1}{3} 4^3 - \frac{1}{3} 1^3 = \frac{63}{3} = 21$.

Wie zu sehen ist, liegt dieser Wert zwischen der zuvor berechneten Unter– und Obersumme.

□

> Die Menge aller Stammfunktionen wird als **unbestimmtes Integral** bezeichnet und als $\int f(x) dx = F(x) + C$ geschrieben.

C steht für eine beliebige reelle Zahl. Da eine Stammfunktion F die Eigenschaft $F'(x) = f(x)$ für alle $x \in D_f$ besitzt, ist diese bis auf die Konstante C bestimmt, da die Konstante beim Ableiten der Stammfunktion verschwindet. Es gibt somit nicht nur eine Stammfunktion, sondern unendlich viele.

Beispiele:
Für das unbestimmte Integral der Funktion f mit $f(x) = x^2$ gilt:

$\int f(x) dx = \frac{1}{3} \cdot x^3 + C$ wobei $C \in \mathbb{R}$.

Wir wollen das unbestimmte Integral der Funktion f mit $f(x) = 4x^3 - 6x^2 - 5$ bestimmen:

$\int (4x^3 - 6x^2 - 5) dx = 4 \frac{1}{4} x^4 - 6 \frac{1}{3} x^3 - 5x + C = x^4 - 2x^3 - 5x + C$.

Wie zu sehen ist, wird bei einer Summe jeder Summand einzeln integriert (wie bei der Differentiation).

Mit einer zusätzlichen Angabe zur Stammfunktion, kann auch die Konstante C berechnet werden. Ist z.B. die Stammfunktion der Funktion f mit $f(x) = 4x^3 - 6x^2 - 5$ gesucht, die an der Stelle x = 1 den Funktionswert 4 hat, d.h., F(1) = 4, so gilt:

$F(1) = 1^4 - 2 \cdot 1^3 - 5 \cdot 1 + C = 4$. Also $1 - 2 - 5 + C = 4$ und somit C = 10. Es ergibt sich die Stammfunktion F mit $F(x) = x^4 - 2x^3 - 5x + 10$.

□

Tabelle mit Funktionen und ihren Stammfunktionen: $\int f(x)\, dx = F(x) + C$

Funktion	f(x)	F(x)
Potenz- und Wurzelfunktionen	a	ax ($a \in \mathbb{R}$)
	x	$\frac{1}{2}x^2$
	1/x	$\ln(|x|)$
	x^a	$\frac{1}{a+1}x^{a+1}$ ($a \in \mathbb{R}\setminus\{-1\}$)
	$\sqrt{x}$	$\frac{2}{3}x^{3/2}$
Trigonometrische Funktionen	sin(x)	$-\cos(x)$
	cos(x)	sin(x)
	tan(x)	$-\ln|\cos(x)|$
	cot(x)	$\ln|\sin(x)|$
Hyperbelfunktionen	sinh(x)	cosh(x)
	cosh(x)	sinh(x)
	tanh(x)	$\ln(|\cosh(x)|)$
	coth(x)	$\ln(|\sinh(x)|)$
Exponentialfunktionen	e^x	e^x
	a^x	$\frac{a^x}{\ln(a)}$ ($a \in \mathbb{R}^+\setminus\{1\}$)
Logarithmusfunktionen	ln(x)	$x\ln(x) - x$
	$\log_a(x)$	$\frac{x\ln(x) - x}{\ln(a)}$ ($a \in \mathbb{R}^+\setminus\{1\}$)

↗ *Aufgaben 32 und 33*

4.5.2 Bestimmung von Flächen mit Hilfe der Integration

Es soll die Fläche bestimmt werden, die der Graph der Funktion f mit der x–Achse einschließt. Hierzu müssen zunächst die Nullstellen $x_1, x_2, ..., x_n$ (wir gehen davon aus, dass die Nullstellen $x_1, x_2, ..., x_n$ zuvor nach ihrer Größe sortiert wurden) der Funktion f bestimmt werden. Danach müssen die Flächen zwischen jeweils zwei aufeinander folgenden Nullstelle x_i und x_{i+1} bestimmt werden. Da, falls die Funktion zwischen zwei Nullstellen unterhalb der x-Achse verläuft, sich negative Flächen ergeben, müssen die Beträge der Flächen addiert werden, damit sich die Gesamtfläche ergibt.

Beispiel:
Gegeben ist die Funktion f mit $f(x) = x^3 - 9x$.
$f(x) = 0 \Leftrightarrow x^3 - 9x = x(x^2 - 9) = 0 \Leftrightarrow x = 0$ oder $x^2 - 9 = 0$
$\Leftrightarrow x = 0$ oder $x = \pm 3$.

Somit ergeben sich folgende Nullstellen (nach ihrer Größe sortiert):
$x_1 = -3, x_2 = 0, x_3 = 3$.

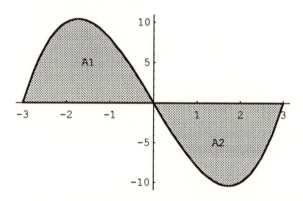

$$A_1 = \left| \int_{x_1}^{x_2} f(x)dx \right| = \left| \int_{-3}^{0} (x^3 - 9x)dx \right| = \left| \left[\frac{1}{4}x^4 - \frac{9}{2}x^2 \right]_{-3}^{0} \right| = \left| \frac{1}{4}0^4 - \frac{9}{2}0^2 - \left(\frac{1}{4}(-3)^4 - \frac{9}{2}(-3)^2 \right) \right|$$

$$= \left| \frac{81}{4} \right| = 20{,}25 \text{ (Flächeneinheiten FE)}.$$

$$A_2 = \left| \int_{x_2}^{x_3} f(x)dx \right| = \left| \int_{0}^{3} (x^3 - 9x)dx \right| = \left| \left[\frac{1}{4}x^4 - \frac{9}{2}x^2 \right]_{0}^{3} \right| = \left| \frac{1}{4}3^4 - \frac{9}{2}3^2 - \left(\frac{1}{4}0^4 - \frac{9}{2}0^2 \right) \right|$$

$$= \left| \frac{81}{4} - \frac{81}{2} \right| = \left| -\frac{81}{4} \right| = 20{,}25 \text{ (FE)}.$$

Es ergibt sich die gesamte Fläche, die die Kurve der Funktion f mit der x-Achse einschließt: $A_G = A_1 + A_2 = 20{,}25 \text{ FE} + 20{,}25 \text{ FE} = 40{,}5 \text{ FE}$.

Da die Funktion f punktsymmetrisch zum Ursprung ist, braucht nur A_2 ausgerechnet zu werden: $A_G = 2\,A_2$.

□

↗ *Aufgabe 34*

Bei der Bestimmung von Flächen zwischen dem Graphen der Funktion f und dem Graphen der Funktion g, müssen zuerst die Schnittpunkte der Graphen der beiden Funktionen bestimmt werden. Diese erhalten Sie durch Gleichsetzen beider Funktionswerte: $f(x) = g(x)$. Seien $x_1, x_2, ..., x_n$ die Schnittpunkte der Kurven der Funktionen f und g (hierbei sollen die Schnittpunkte $x_1, x_2, ..., x_n$ nach ihrer Größe sortiert sein). Danach ist die Vorgehensweise die gleiche, wie bei der Bestimmung der Fläche, die die Kurve einer Funktion mit der x-Achse einschließt, nur dass jeweils über die Differenz der beiden Funktionswerte $f(x)$ und $g(x)$ zwischen jeweils zwei aufeinander folgenden Schnittpunkten x_i und x_{i+1} integriert werden muss. Dann müssen die Beträge der Flächen addiert werden, um die Gesamtfläche zu erhalten.

Beispiel:
Es soll die eingeschlossene Fläche zwischen den Kurven der Funktionen f und g mit

$f(x) = x^3 - 4x^2 - 3x$ und $g(x) = 2x$

ermittelt werden. Dazu sind zunächst alle Schnittpunkte der beiden Kurven zu bestimmen.

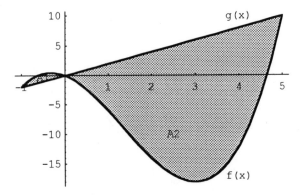

4.5 Integration

f(x) = g(x) $\Leftrightarrow x^3 - 4x^2 - 3x = 2x \Leftrightarrow x^3 - 4x^2 - 5x = 0 \Leftrightarrow x(x^2 - 4x - 5) = 0$
$\Leftrightarrow x = 0$ oder $x^2 - 4x - 5 = 0$.

Mit der p-q-Formel erhalten Sie die Lösungen −1 und 5.

Alle Schnittpunkte (aufsteigend sortiert) sind somit: $x_1 = -1$, $x_2 = 0$, $x_3 = 5$.

$$A_1 = \left|\int_{x_1}^{x_2}(f(x) - g(x))dx\right| = \left|\int_{-1}^{0}(x^3 - 4x^2 - 3x - 2x)dx\right| = \left|\int_{-1}^{0}(x^3 - 4x^2 - 5x)dx\right|$$

$$= \left|\left[\frac{1}{4}x^4 - \frac{4}{3}x^3 - \frac{5}{2}x^2\right]_{-1}^{0}\right| = \left|\frac{1}{4}0^4 - \frac{4}{3}0^3 - \frac{5}{2}0^2 - \left(\frac{1}{4}(-1)^4 - \frac{4}{3}(-1)^3 - \frac{5}{2}(-1)^2\right)\right|$$

$$= \left|-\left(\frac{1}{4} + \frac{4}{3} - \frac{5}{2}\right)\right| = \left|-\left(\frac{3}{12} + \frac{16}{12} - \frac{30}{12}\right)\right| = \left|-\left(-\frac{11}{12}\right)\right| = 0{,}91\overline{6} \text{ (FE)}.$$

$$A_2 = \left|\int_{x_2}^{x_3}(f(x) - g(x))dx\right| = \left|\int_{0}^{5}(x^3 - 4x^2 - 3x - 2x)dx\right| = \left|\int_{0}^{5}(x^3 - 4x^2 - 5x)dx\right|$$

$$= \left|\left[\frac{1}{4}x^4 - \frac{4}{3}x^3 - \frac{5}{2}x^2\right]_{0}^{5}\right| = \left|\frac{1}{4}5^4 - \frac{4}{3}5^3 - \frac{5}{2}5^2 - \left(\frac{1}{4}0^4 - \frac{4}{3}0^3 - \frac{5}{2}0^2\right)\right|$$

$$= \left|\frac{625}{4} - \frac{500}{3} - \frac{125}{2}\right| = \left|-\frac{875}{12}\right| = 72{,}91\overline{6} \text{ (FE)}.$$

Es ergibt sich somit für die gesamte Fläche, die die beiden Kurven der Funktionen f und g einschließt: $A_G = A_1 + A_2 = 0{,}91\overline{6}$ FE $+ 72{,}91\overline{6}$ FE $= 73{,}8\overline{3}$ FE.

□

↗ *Aufgabe 35*

4.5.3 Produktintegration

Produktintegration (partielle Integration, Produktregel der Integralrechnung):

$$\int (u(x) \cdot v'(x))dx = u(x) \cdot v(x) - \int (u'(x) \cdot v(x))dx \qquad \text{bzw.}$$

$$\int_a^b (u(x) \cdot v'(x))dx = [u(x) \cdot v(x)]_a^b - \int_a^b (u'(x) \cdot v(x))dx.$$

Beispiel:
Berechnet werden soll: $\int (x \cdot \sin(x))dx$.

Wir müssen nun die Funktionen u(x) und v'(x) so definieren, dass der Ausdruck $\int (u'(x) \cdot v(x))dx$ einfach zu bestimmen ist. Wir definieren:

u(x) = x und v'(x) = sin(x), womit folgt: u'(x) = 1 und v(x) = –cos(x).

Nun gilt:

$$\int (x \cdot \sin(x))dx = x \cdot (-\cos(x)) - \int (1 \cdot (-\cos(x)))dx = -x \cdot \cos(x) + \int \cos(x)dx$$

$$= -x \cdot \cos(x) + \sin(x) + C.$$

Soll nun das bestimmte Integral $\int_0^\pi (x \cdot \sin(x))dx$ berechnet werden, gilt:

$$\int_0^\pi (x \cdot \sin(x))dx = [-x \cdot \cos(x) + \sin(x)]_0^\pi = -\pi \cdot \cos(\pi) + \sin(\pi) - (-0 \cdot \cos(0) + \sin(0))$$

$$= -\pi \cdot (-1) + 0 - (-0 \cdot (1) + 0) = \pi.$$

In manchen Fällen muss auch zweimal die Produktregel angewendet werden, beispielsweise um das folgende Integral zu lösen:

$$\int (x^2 \cdot \sin(x))dx.$$

□

↗ *Aufgabe 36*

4.5.4 Volumenberechnung bei Rotationsparaboloiden

Für das Volumen einer auf dem Intervall [a; b] um die x-Achse rotierenden Funktion f gilt die folgende Formel:

$$V = \pi \cdot \int_a^b (f(x))^2 \, dx .$$

Beispiel:

Die Kurve der Funktion f mit $f(x) = \sqrt{1-x^2}$ ($f : [-1; 1] \to [0; 1]$) stellt einen Halbkreis um den Koordinatenursprung oberhalb der x-Achse mit dem Radius r = 1 dar. Wenn dieser Halbkreis um die x-Achse rotiert, ergibt sich eine Kugel mit dem Radius 1. Wir wollen nun das Volumen dieser Kugel mit der obigen Formel berechnen.

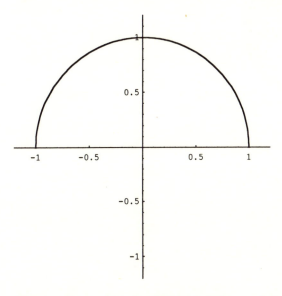

Da wir wissen, dass der Halbkreis bei x = −1 und x = 1 die x-Achse schneidet, haben wir sofort a = −1 und b = 1. Wenn diese Punkt nicht anschaulich ersichtlich sind, müssen sie erst durch Ermittlung der Nullstellen der Funktion f berechnet werden. Es gilt:

$f(x) = \sqrt{1-x^2} = 0 \Leftrightarrow 1 - x^2 = 0.$

Somit ergeben sich die Nullstellen $x_1 = 1$ und $x_2 = -1$.

Für das Volumen der Kugel gilt:

$$V = \pi \cdot \int_{-1}^{1} \left(\sqrt{1-x^2}\right)^2 dx = \pi \cdot \int_{-1}^{1} \left(1-x^2\right) dx = \pi \cdot \left[x - \frac{1}{3}x^3\right]_{-1}^{1}$$

$$= \pi \cdot \left(1 - \frac{1}{3}1^3 - \left((-1) - \frac{1}{3}(-1)^3\right)\right) = \frac{4}{3}\pi \quad (\text{VE = Volumen-Einheiten, z.B. cm}^3)$$

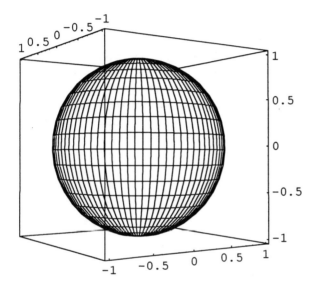

□

↗ *Aufgabe 37*

5 Komplexe Zahlen

5.1 Rechnen mit komplexen Zahlen

Beispiel:
Die Gleichung $x^2 + 1 = 0$ hat in $\mathbb{R}$ keine Lösung, denn

$$x^2 + 1 = 0 \quad |-1$$
$$x^2 = -1$$
$$x_{1/2} = \pm\sqrt{-1}$$

und die Wurzel aus einer negativen Zahl hat keine reelle Lösung. Um die quadratische Gleichung dennoch lösen zu können, ist eine Erweiterung des Zahlenbereichs durch Einführung so genannter imaginärer Zahlen vorzunehmen. Der Ausdruck $\sqrt{-1}$ wird als eine **imaginäre Einheit** angesehen und mit i bezeichnet: $\sqrt{-1} = i$. [1]

Es gilt: $i^2 = -1$.

Im oberen Beispiel ergeben sich die Lösung $x_{1/2} = \pm i$, also $x_1 = i$ und $x_2 = -i$. □

Das Produkt der imaginären Einheit i mit einer reellen Zahl b, also ib, bezeichnet man als **imaginäre Zahl**. Addieren wir zu einer imaginären Zahl ib eine reelle Zahl a, erhalten wir eine **komplexe Zahl** $z = a + ib$, wobei a als **Realteil** und b als **Imaginärteil** bezeichnet wird.

Die Menge
$$\mathbb{C} = \left\{ a + i \cdot b \mid a, b \in \mathbb{R}; i = \sqrt{-1} \right\}$$
ist die Menge aller komplexen Zahlen.

Zwei komplexe Zahlen heißen gleich, wenn sie im Realteil und Imaginärteil übereinstimmen.

Während Sie eine reelle Zahl auf der Zahlengeraden (vgl. S. 9) veranschaulichen können, benötigen Sie zur Darstellung einer komplexen Zahl eine Ebene, wobei der Realteil auf der x-Achse (Achse Re) und der Imaginärteil auf der y-Achse (Achse Im) abgetragen wird:

---

[1] In der technischen Literatur wird statt i der Buchstabe j verwendet.
Die Definition von i über den Ausdruck $\sqrt{-1}$ ist zwar formal nicht korrekt, aber für praktische Zwecke nützlich und ausreichend.

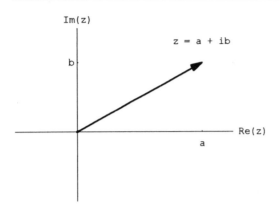

Beispiele:
- Die Lösungen der Gleichung $x^2 + 9 = 0$ sind die imaginären Zahlen $3i$ und $-3i$.
- $4 + 2i$ ist eine komplexe Zahl. 4 ist der Realteil, 2 der Imaginärteil dieser Zahl.

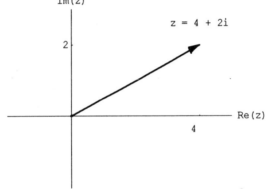

- Betrachten wir die Lösung der Gleichung $x^2 - 4x + 20 = 0$. Es ergibt sich mit der p-q-Formel:

$x_{1/2} = 2 \pm \sqrt{4 - 20} = 2 \pm \sqrt{-16} = 2 \pm \sqrt{(-1) \cdot 16} = 2 \pm \sqrt{16} \cdot \sqrt{(-1)} = 2 \pm 4i$

Die eine komplexe Lösung lautet also $x_1 = 2 + 4i$ und die andere $x_2 = 2 - 4i$. Wie zu sehen ist, treten komplexe Lösungen (bei der Suche nach Nullstellen eines Polynoms mit reellen Koeffizienten) immer paarweise auf. Die zweite Lösung ist dann jeweils die zur ersten Lösung konjugiert komplexe Zahl.

□

Ist $z = a + ib$ eine komplexe Zahl, so heißt $\overline{z} = a - ib$ die zu z **konjugiert komplexe Zahl**.

5.1 Rechnen mit komplexen Zahlen

Beispiele:
- Ist $z = 1 + 2i$, so lautet die zu z konjugiert komplexe Zahl $\bar{z} = 1 - 2i$.
  Die Zahl 1 ist der Realteil und die Zahl 2 der Imaginärteil von z.
  Die Zahl 1 ist der Realteil und die Zahl -2 der Imaginärteil von $\bar{z}$.

- Ist $z = 4 - 8i$, so lautet die zu z konjugiert komplexe Zahl $\bar{z} = 4 + 8i$.
  4 ist der Realteil und -8 der Imaginärteil von z.

□

Rechnen mit komplexen Zahlen:

(a) Addition / Subtraktion:
Seien $z_1 = a + ib$ und $z_2 = c + id$ zwei komplexe Zahlen, so gilt:
$z_1 + z_2 = a + ib + c + id = a + c + i(b + d)$. Diese Summe hat somit den Realteil $a + c$ und den Imaginärteil $b + d$.

Beispiele:
$z_1 = -4 + 8i$; $z_2 = 10 - 12i$. Dann gilt:
$z_1 + z_2 = -4 + 8i + 10 - 12i = 6 - 4i$.

$z_1 = 8 + 3i$; $z_2 = 5 - 4i$. Dann gilt:
$z_1 - z_2 = 8 + 3i - (5 - 4i) = 8 + 3i - 5 + 4i = 3 + 7i$.

□

(b) Multiplikation:
Seien $z_1 = a + ib$ und $z_2 = c + id$ zwei komplexe Zahlen, so gilt
$z_1 \cdot z_2 = (a + ib) \cdot (c + id) = ac + iad + ibc + i^2 bd$.
Wegen $i^2 = \left(\sqrt{-1}\right)^2 = -1$ folgt:
$z_1 \cdot z_2 = ac + iad + ibc - bd = ac - bd + i(ad + bc)$.

Somit hat das Produkt aus beiden komplexen Zahlen den Realteil $ac - bd$ und den Imaginärteil $ad + bc$.

Beispiele:
$z_1 = -1 + 2i$; $z_2 = 2 - 3i$. Dann gilt
$z_1 \cdot z_2 = (-1 + 2i) \cdot (2 - 3i) = -2 + 3i + 4i - 6i^2 = -2 + 7i - (-6) = 4 + 7i$.

$z_1 = 5 - 4i$; $z_2 = 2 - i$. Dann gilt
$z_1 \cdot z_2 = (5 - 4i) \cdot (2 - i) = 10 - 5i - 8i + 4i^2 = 10 - 13i - 4 = 6 - 13i$.

$i^2 = -1$, also $i \cdot i = -1$. Daraus folgt: $-i = 1/i$.
$i^3 = i \cdot i^2 = i \cdot (-1) = -i$;
$i^4 = i^2 \cdot i^2 = (-1) \cdot (-1) = 1$.

□

Multiplizieren Sie eine komplexe Zahl $z = a + ib$ mit deren konjugiert komplexen Zahl $\bar{z} = a - ib$, ist das resultierende Produkt immer eine reelle Zahl:

$$z \cdot \bar{z} = (a + ib) \cdot (a - ib) = a^2 - iab + iab - i^2b^2 = a^2 + b^2.$$

Beispiel:
$z_1 = 2 + 3i$; $z_2 = 2 - 3i$. Dann gilt:
$z_1 \cdot z_2 = (2 + 3i) \cdot (2 - 3i) = 4 - 3i + 3i - 9i^2 = 4 + 9 = 13.$ □

(c) Division:
Seien $z_1 = a + ib$ und $z_2 = c + id \neq 0$ zwei komplexe Zahlen. Berechnet werden soll:
$$\frac{z_1}{z_2} = \frac{a + ib}{c + id}.$$
Durch Erweitern des Bruches mit dem konjugiert komplexen Nenner $\bar{z}_2$ wird der Nenner reell:

$$\frac{z_1}{z_2} = \frac{(a + ib) \cdot (c - id)}{(c + id) \cdot (c - id)} = \frac{ac + bd + i(bc - ad)}{c^2 + d^2}.$$

Beispiel:
$z_1 = 2 + i$; $z_2 = -1 + i$. Dann gilt:
$$\frac{z_1}{z_2} = \frac{2+i}{-1+i} = \frac{(2+i) \cdot (-1-i)}{(-1+i) \cdot (-1-i)} = \frac{-2 - 2i - i - i^2}{1 + 1} = \frac{-1 - 3i}{2} = -0{,}5 - 1{,}5i.$$ □

↗ *Aufgabe 38*

5.2 Polarkoordinaten

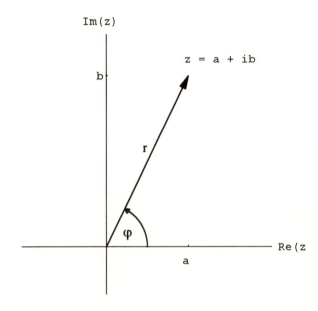

Wie zu erkennen ist, kann eine komplexe Zahl

$z = a + ib \neq 0$

auch eindeutig durch ihre Länge r (d.h. ihren **Betrag** $|z|$) und ihren Winkel (ihr **Argument**) φ festgelegt werden.

Betrag und Argument berechnen sich wie folgt:

$$r = |z| = \sqrt{a^2 + b^2} \; ; \quad \varphi = \begin{cases} \arctan\left(\dfrac{b}{a}\right) & \text{falls } a > 0, b \geq 0 \\ 90° & \text{falls } a = 0, b > 0 \\ 180° + \arctan\left(\dfrac{b}{a}\right) & \text{falls } a < 0 \\ 270° & \text{falls } a = 0, b < 0 \\ 360° + \arctan\left(\dfrac{b}{a}\right) & \text{falls } a > 0, b < 0 \end{cases}$$

Als Winkel ergeben sich Werte zwischen 0° und 360°. [1]

Beispiel:

Es sei $z = 3 + 4i$. Dann gilt: $|z| = \sqrt{3^2 + 4^2} = \sqrt{9 + 16} = \sqrt{25} = 5$ und $\varphi = \arctan\left(\dfrac{4}{3}\right) = 53{,}13°$, da $a = 3 > 0$ und $b = 4 > 0$. □

---

[1] Einige Taschenrechner liefern für das Argument einer komplexen Zahl Werte zwischen −180° und 180°. Beispielsweise entspricht 300° dem Winkel 360°−300° = −60°.

Die Darstellung einer komplexen Zahl durch den Betrag und das Argument, genannt **Darstellung in Polarkoordinaten**, bringt Vorteile bei der Multiplikation komplexer Zahlen. Es gilt:

$z = a + ib = r \cdot (\cos(\varphi) + i \cdot \sin(\varphi))$ mit $r = |z|$.

Beispiel:
$z = 2 + 2i$ soll in Polarkoordinaten dargestellt werden. Hierzu müssen zuerst der Betrag und das Argument berechnet werden:

$|z| = \sqrt{2^2 + 2^2} = \sqrt{4+4} = \sqrt{8}$ und $\varphi = \arctan\left(\dfrac{2}{2}\right) = 45°$. Es ergibt sich:

$z = \sqrt{8} \cdot (\cos(45°) + i \cdot \sin(45°))$. □

Die Multiplikation, Potenzierung und Division stellen sich in Polarkoordinaten einfach dar:

Ist $z_1 = r_1 \cdot (\cos(\varphi_1) + i \cdot \sin(\varphi_1))$ und $z_2 = r_2 \cdot (\cos(\varphi_2) + i \cdot \sin(\varphi_2))$, gilt:

$z_1 \cdot z_2 = r_1 \cdot r_2 \cdot (\cos(\varphi_1 + \varphi_2) + i \cdot \sin(\varphi_1 + \varphi_2))$,
$z_1 / z_2 = r_1 / r_2 \cdot (\cos(\varphi_1 - \varphi_2) + i \cdot \sin(\varphi_1 - \varphi_2))$ ($z_2 \neq 0$).

Mit $z = r \cdot (\cos(\varphi) + i \cdot \sin(\varphi))$ gilt:

$z^n = r^n \cdot (\cos(n \cdot \varphi) + i \cdot \sin(n \cdot \varphi))$, $n \in \mathbb{N}$.

Beispiele:
Sei $z_1 = 8 \cdot (\cos(30°) + i \cdot \sin(30°))$ und $z_2 = 2 \cdot (\cos(10°) + i \cdot \sin(10°))$. Dann gilt:
$z_1 \cdot z_2 = 8 \cdot 2 \cdot (\cos(30° + 10°) + i \cdot \sin(30° + 10°)) = 16 \cdot (\cos(40°) + i \cdot \sin(40°))$,
$z_1 / z_2 = 8/2 \cdot (\cos(30° - 10°) + i \cdot \sin(30° - 10°)) = 4 \cdot (\cos(20°) + i \cdot \sin(20°))$.

Sei $z = 3 \cdot (\cos(15°) + i \cdot \sin(15°))$, dann gilt
$z^3 = 3^3 \cdot (\cos(3 \cdot 15°) + i \cdot \sin(3 \cdot 15°)) = 27 \cdot (\cos(45°) + i \cdot \sin(45°))$.

□

↗ *Aufgabe 39*

6 Vektorrechnung

In diesem Kapitel werden nur einige Aspekte der Vektorrechnung kurz angerissen.

6.1 Rechnen mit Vektoren

Im Rahmen der Kurvendiskussion haben wir mit Wertepaaren Punkte in der zweidimensionalen reellen Ebene ($\mathbf{R^2}$) eindeutig festgelegt. In der zweidimensionalen reellen Ebene werden ebenso **Vektoren** durch die Angabe von zwei Werten x_1 und x_2 (reellen Zahlen) definiert, die in der Regel in einer Klammer untereinander geschrieben werden:

$$\vec{x} = \begin{pmatrix} x_1 \\ x_2 \end{pmatrix} \text{ mit } x_1, x_2 \in \mathbf{R}.$$

Es gilt: $\vec{x} \in \mathbf{R^2}$.

Wie zu sehen ist, wird ein Vektor mit einem kleinen Buchstaben und einem Pfeil darüber dargestellt. Vektoren sind eindeutig durch ihre Länge und ihre Richtung definiert. Ein Vektor, der parallel verschoben wird und seine Länge behält, wird dadurch nicht verändert. Bestimmen wir den Vektor, der vom Punkt A = (1;5) zum Punkt B = (2;8) zeigt, so gilt:

$$\vec{x} = \overline{AB} = \overline{OA} - \overline{OB} = \begin{pmatrix} 2 \\ 8 \end{pmatrix} - \begin{pmatrix} 1 \\ 5 \end{pmatrix} = \begin{pmatrix} 2-1 \\ 8-5 \end{pmatrix} = \begin{pmatrix} 1 \\ 3 \end{pmatrix},$$

wobei $\overline{OA}$ der Vektor vom Ursprung (Nullpunkt) zum Punkt A ist, der auch **Ortsvektor** von A genannt wird.

Wie zu sehen ist, wird jeweils die erste und die zweite Koordinate der Punkte subtrahiert. Wollen Sie die Länge eines Vektors verdoppeln, muss jede Komponente mit 2 multipliziert werden, denn es gilt:

$$r \cdot \vec{x} = r \cdot \begin{pmatrix} x_1 \\ x_2 \end{pmatrix} = \begin{pmatrix} r \cdot x_1 \\ r \cdot x_2 \end{pmatrix} \text{ mit } r \in \mathbf{R} \text{ und } \vec{x} \in \mathbf{R^2}.$$

Die Zahl r wird hierbei als **Skalar** bezeichnet.

Beispiel:

$$2 \cdot \begin{pmatrix} 1 \\ 3 \end{pmatrix} = \begin{pmatrix} 2 \cdot 1 \\ 2 \cdot 3 \end{pmatrix} = \begin{pmatrix} 2 \\ 6 \end{pmatrix}.$$

□

Vektoren gibt es nun nicht nur in der zweidimensionalen reellen Ebene $\mathbf{R}^2$, sondern auch in jedem beliebigen n-dimensionalen Raum $\mathbf{R}^n$ ($n \in \mathbf{N}$):

$$\mathbf{R}^n = \left\{ \begin{pmatrix} x_1 \\ x_2 \\ . \\ . \\ . \\ x_n \end{pmatrix} \middle| \; x_1, x_2, \ldots, x_n \in \mathbf{R} \right\}.$$

Mit Vektoren sind auch bestimmte Rechenoperationen möglich. Zwei Vektoren $\vec{x}, \vec{y} \in \mathbf{R}^n$ werden addiert, indem jede Komponente der Vektoren addiert wird:

$$\vec{x} + \vec{y} = \begin{pmatrix} x_1 \\ x_2 \\ . \\ . \\ . \\ x_n \end{pmatrix} + \begin{pmatrix} y_1 \\ y_2 \\ . \\ . \\ . \\ y_n \end{pmatrix} = \begin{pmatrix} x_1 + y_1 \\ x_2 + y_2 \\ . \\ . \\ . \\ x_n + y_n \end{pmatrix}.$$

Die Addition von Vektoren ist kommutativ, d.h., Sie können bei der Addition die beiden Vektoren vertauschen und das Ergebnis ist das Gleiche.

Beispiel:

$$\begin{pmatrix} 1 \\ 2 \\ -2 \end{pmatrix} + \begin{pmatrix} -5 \\ 2 \\ 4 \end{pmatrix} = \begin{pmatrix} -4 \\ 4 \\ 2 \end{pmatrix}.$$

□

Zur Multiplikation von Vektoren dient ein spezielles Produkt mit besonderen Eigenschaften, welches **Skalarprodukt** genannt wird. Neben dem Skalarprodukt existiert noch das Kreuzprodukt, welches wir hier nicht behandeln.

6.1 Rechnen mit Vektoren

Das Skalarprodukt zwischen zwei Vektoren $\vec{x}, \vec{y} \in \mathbf{R}^n$ ist wie folgt definiert:

$$\vec{x} \cdot \vec{y} = \begin{pmatrix} x_1 \\ x_2 \\ \cdot \\ \cdot \\ \cdot \\ x_n \end{pmatrix} \cdot \begin{pmatrix} y_1 \\ y_2 \\ \cdot \\ \cdot \\ \cdot \\ y_n \end{pmatrix} = x_1 y_1 + x_2 y_2 + \ldots + x_n y_n .$$

Wie zu sehen ist, ergibt das Skalarprodukt aus zwei Vektoren eine reelle Zahl. Das Skalarprodukt ist wie die Addition von Vektoren kommutativ.

Beispiel:

$$\begin{pmatrix} 1 \\ 3 \\ -2 \end{pmatrix} \cdot \begin{pmatrix} -4 \\ -2 \\ 4 \end{pmatrix} = 1 \cdot (-4) + 3 \cdot (-2) + (-2) \cdot 4 = -4 - 6 - 8 = -18 ;$$

$$\begin{pmatrix} -4 \\ -2 \\ 4 \end{pmatrix} \cdot \begin{pmatrix} 1 \\ 3 \\ -2 \end{pmatrix} = -18 . \qquad \square$$

Das Skalarprodukt hat die folgende Eigenschaft:

Das Skalarprodukt zwischen zwei vom Nullvektor verschiedenen Vektoren ist genau dann gleich Null, wenn die Vektoren senkrecht aufeinander stehen. Man sagt dann, die Vektoren sind **orthogonal** zueinander:

$$\vec{x} \cdot \vec{y} = 0 \Leftrightarrow \angle(\vec{x}, \vec{y}) = 90° .$$

Beispiel:

$\begin{pmatrix} -1 \\ 2 \end{pmatrix} \cdot \begin{pmatrix} 4 \\ 2 \end{pmatrix} = -4 + 4 = 0$. Also sind die beiden Vektoren $\begin{pmatrix} -1 \\ 2 \end{pmatrix}$ und $\begin{pmatrix} 4 \\ 2 \end{pmatrix}$ orthogonal zueinander.

$\square$

↗ *Aufgabe 40*

6.2 Länge von Vektoren

Mit dem Skalarprodukt kann außerdem die Länge $|\vec{x}|$ eines Vektors $\vec{x} \in \mathbf{R}^n$ bestimmt werden:

$$|\vec{x}| = \sqrt{\vec{x} \cdot \vec{x}} = \sqrt{\begin{pmatrix} x_1 \\ x_2 \\ \cdot \\ \cdot \\ \cdot \\ x_n \end{pmatrix} \cdot \begin{pmatrix} x_1 \\ x_2 \\ \cdot \\ \cdot \\ \cdot \\ x_n \end{pmatrix}} = \sqrt{x_1 x_1 + x_2 x_2 + \ldots + x_n x_n} = \sqrt{x_1^2 + x_2^2 + \ldots + x_n^2} \ .$$

Vektoren der Länge 1 heißen **Einheitsvektoren**. Der zu $\vec{x}$ gehörige Einheitsvektor ist $\dfrac{\vec{x}}{|\vec{x}|}$.

Beispiel:

$$\left| \begin{pmatrix} 1 \\ 2 \\ -2 \end{pmatrix} \right| = \sqrt{\begin{pmatrix} 1 \\ 2 \\ -2 \end{pmatrix} \cdot \begin{pmatrix} 1 \\ 2 \\ -2 \end{pmatrix}} = \sqrt{1^2 + 2^2 + (-2)^2} = 3 \ ; \ \begin{pmatrix} \frac{1}{3} \\ \frac{2}{3} \\ -\frac{2}{3} \end{pmatrix} \text{ ist ein Einheitsvektor.} \quad \square$$

↗ *Aufgabe 41*

6.3 Winkel zwischen Vektoren

Für den Winkel φ zwischen zwei vom Nullvektor verschiedenen Vektoren $\vec{x}, \vec{y} \in \mathbf{R}^n$ gilt: $\quad \cos(\varphi) = \dfrac{\vec{x} \cdot \vec{y}}{|\vec{x}| \cdot |\vec{y}|} \qquad (0° \le \varphi \le 180°).$

Beispiel:

Es seien $\vec{x} = \begin{pmatrix} 1 \\ 2 \\ -1 \end{pmatrix}$ und $\vec{y} = \begin{pmatrix} 3 \\ 1 \\ 2 \end{pmatrix}$ gegeben. Dann gilt:

$$\cos(\varphi) = \frac{\vec{x} \cdot \vec{y}}{|\vec{x}| \cdot |\vec{y}|} = \frac{\begin{pmatrix} 1 \\ 2 \\ -1 \end{pmatrix} \cdot \begin{pmatrix} 3 \\ 1 \\ 2 \end{pmatrix}}{\left|\begin{pmatrix} 1 \\ 2 \\ -1 \end{pmatrix}\right| \cdot \left|\begin{pmatrix} 3 \\ 1 \\ 2 \end{pmatrix}\right|} = \frac{1 \cdot 3 + 2 \cdot 1 + (-1) \cdot 2}{\sqrt{1^2 + 2^2 + (-1)^2} \cdot \sqrt{3^2 + 1^2 + 2^2}}$$

$$= \frac{3}{\sqrt{6} \cdot \sqrt{14}} = 0{,}3273 \Rightarrow \varphi = 70{,}89°.$$

↗ *Aufgabe 42*

6.4 Geraden in Parameterform

Wie wir bereits im Kapitel über Geraden beschrieben haben, kann durch zwei verschiedene Punkte genau eine Gerade gelegt werden. Wir bestimmen zunächst eine Parameterform einer Geraden im $\mathbf{R}^2$ anhand eines Beispiels:

Durch die zwei Punkte A = (2;1) und B = (3;3) soll eine Gerade gelegt werden. Bei der Bestimmung der Geradengleichung in Parameterform wird zunächst einer der beiden Punkte (ob A oder B ist egal) als "Aufpunkt" festgelegt. Wählen wir A als Aufpunkt und bezeichnen mit $\vec{a}$ den Vektor vom Ursprung zum Aufpunkt, so gilt:

$$\vec{a} = \overline{OA} = \begin{pmatrix} 2 \\ 1 \end{pmatrix}.$$

Zusätzlich wird der sogenannte Richtungsvektor $\vec{v}$ berechnet, welcher von einem der beiden Punkte zum Anderen zeigt und sich somit aus der Differenz der beiden Ortsvektoren der Punkte A und B ergibt. Wir berechnen den Richtungsvektor mit

$$\vec{v} = \overline{AB} = \overline{OB} - \overline{OA} = \begin{pmatrix} 3 \\ 3 \end{pmatrix} - \begin{pmatrix} 2 \\ 1 \end{pmatrix} = \begin{pmatrix} 1 \\ 2 \end{pmatrix}.$$

Daraus ergibt sich die Gleichung der Geraden in Parameterform aus:

$$g : \vec{a} + t \cdot \vec{v} = \begin{pmatrix} 2 \\ 1 \end{pmatrix} + t \cdot \begin{pmatrix} 1 \\ 2 \end{pmatrix} \text{ mit } t \in \mathbf{R}.$$

Wenn nun ein Wert für den Parameter t eingesetzt wird, erhalten Sie einen Punkt auf der Geraden. Wie zu sehen ist, wird dabei der Richtungsvektor jeweils um den Faktor t verlängert oder verkürzt. Somit erhalten Sie, falls für t alle möglichen Zahlen (natürlich reelle) eingesetzt werden, die gesamte Gerade. Wir wollen nun einen Punkt auf der Geraden g berechnen, indem wir in unserem Beispiel für t = 2 einsetzen, d. h., der Richtungsvektor wird um den Faktor 2 gestreckt:

$$\begin{pmatrix} 2 \\ 1 \end{pmatrix} + 2 \cdot \begin{pmatrix} 1 \\ 2 \end{pmatrix} = \begin{pmatrix} 2 \\ 1 \end{pmatrix} + \begin{pmatrix} 2 \\ 4 \end{pmatrix} = \begin{pmatrix} 4 \\ 5 \end{pmatrix}.$$

Wir können auch prüfen, ob z.B. der Punkt C = (1;-1) auf der Geraden g liegt. Dazu stellen wir folgende Gleichung (mit Vektoren) auf:

$$\begin{pmatrix} 1 \\ -1 \end{pmatrix} \stackrel{?}{=} \begin{pmatrix} 2 \\ 1 \end{pmatrix} + t \cdot \begin{pmatrix} 1 \\ 2 \end{pmatrix}.$$

Es ergeben sich nun daraus zwei Gleichungen mit der Unbekannten t:

I) $1 = 2 + t$
II) $-1 = 1 + 2t$

Nun muss mit einer der beiden Gleichungen (wir wählen die Gleichung I) t berechnet werden. Das Ergebnis wird dann in die andere Gleichung (in unserem Fall

6.4 Geraden in Parameterform

die Gleichung II) eingesetzt. Falls die Lösung der einen Gleichung auch die andere Gleichung löst, liegt der entsprechende Punkt auf der Geraden. Im anderen Fall liegt dieser Punkt nicht auf der Geraden. Aus I folgt: $t = -1$. Setzen wir dies in Gleichung II ein, ergibt sich:
$-1 = 1 - 2$ bzw. $-1 = -1$

Somit ist $t = -1$ eine Lösung beider Gleichungen, womit der Punkt $C = (1;-1)$ auf der Geraden liegt.

Bei Geraden in Parameterform ist zu beachten, dass eine Gerade nicht nur eine, sondern unendlich viele Parameterdarstellungen hat. Wir hätten auch in unserem Beispiel den Punkt B als Aufpunkt wählen können oder irgend einen Punkt, der auf der Geraden liegt (wie z. B. den oben angegebenen Punkt C). Genauso gut kann auch der Richtungsvektor gestreckt (oder gestaucht) werden, womit sich ein neuer Richtungsvektor ergibt, der zur gleichen Geraden gehört. Weiterhin ist zu bemerken:

- Wird eine Gerade in Parameterform (wie oben beschrieben) berechnet, erhalten Sie für $t \in [0; 1]$ den Geradenteil, der zwischen den Punkten A und B verläuft.
- Setzen Sie $t = 0$ ein, erhalten Sie den Punkt A. Setzen Sie $t = 1$ ein, so erhalten Sie den Punkt B.
- Wollen Sie zu einer gegebenen Gerade g eine parallele Gerade g' bestimmen, die durch einen Punkt Q geht, wählen Sie Q als Aufpunkt der Geraden g' und verwenden den Richtungsvektor von g.

Wir wollen die Berechnung von Geradengleichungen in Parameterform nochmals für beliebige Punkte A und B im allgemeinen n-dimensionalen Raum $\mathbf{R}^n$, $n \in \mathbf{N}$, angeben:

Sind zwei Punkte A und B gegeben, dann kann die Gerade g in Parameterform wie folgt dargestellt werden:

$g: \overline{OA} + t \cdot \overline{AB} = \overline{OA} + t \cdot (\overline{OB} - \overline{OA}) = \vec{a} + t \cdot \vec{v}$ mit $t \in \mathbf{R}$.

$\vec{a} \in \mathbf{R}^n$ ist der Ortsvektor von A und
$\vec{v} \in \mathbf{R}^n$ der Richtungsvektor.

↗ *Aufgabe 43*

7 Übungsaufgaben

Aufgabe 1:
Wie lautet die Schnitt- bzw. Vereinigungsmenge?
a) $\{5; 8; 9\} \cap \{9; 20; 31; 40\}$
b) $\{-3; 10; 25; 30\} \cap \{10; 11; 15; 25; 40\}$
c) $\{5; 8; 9; 20; 30; 50\} \cup \{1; 2; 5; 7; 8; 9; 10\}$
d) $\{-5; -2; 0; 1; 7\} \cup \{1; 2; 3; 4\}$
e) $\{x \in \mathbf{Z} \mid x \geq 10\} \cap \{x \in \mathbf{Z} \mid -5 < x < 14\}$
f) $\{x \in \mathbf{Z} \mid x > -2\} \cap \{x \in \mathbf{Z} \mid x < 5\}$
g) $\{x \in \mathbf{Z} \mid 10 \leq x \leq 15\} \cup \{x \in \mathbf{Z} \mid 8 < x < 12\}$
h) $\{x \in \mathbf{R} \mid x \geq 10\} \cup \{x \in \mathbf{R} \mid -7 < x < 14\}$
i) $\mathbf{Z} \cap \mathbf{N}$

Aufgabe 2:
I) Welche Aussagen sind wahr?
a) $\mathbf{N} \subset \mathbf{Z}$
b) $\mathbf{N} \subset \mathbf{R}$
c) $\{1; 2; 3\} \subset \{-1; 2; 3\}$
d) $\{5; 7; 9\} \subset \{-1; 5; 7; 9; 10\}$
e) $\{x \in \mathbf{Z} \mid 10 \leq x \leq 15\} \subset \{x \in \mathbf{Z} \mid 5 < x < 30\}$
f) $\{x \in \mathbf{Z} \mid 10 \leq x \leq 15\} \subset \mathbf{R}$
g) $\{x \in \mathbf{Z} \mid 5 \leq x \leq 15\} \subset \{x \in \mathbf{Z} \mid 2 < x < 15\}$
h) $x \in \mathbf{R}$ und $x < 7 \Rightarrow x \in \mathbf{R}$ und $x < 9$
i) $x \in \mathbf{R}$ und $x < 9 \Rightarrow x \in \mathbf{R}$ und $x < 7$

II)
Drücken Sie die folgenden Aussagen mit Quantoren aus:
a) Zu jeder natürlichen Zahl n existiert eine reelle Zahl x, so dass die Wurzel aus der natürlichen Zahl n gleich der reellen Zahl x ist.
b) Zu jeder natürliche Zahl n existiert eine reelle Zahl x, so dass der dritte Teil von n gleich x ist.
c) Zu jeder natürlichen Zahl n existiert eine natürliche Zahl m, so dass n < m ist.
d) Zu je zwei natürlichen Zahlen n und m existiert eine rationale Zahl q, so dass der Quotient aus den beiden natürlichen n und m die rationale Zahl q ergibt.

Aufgabe 3:
I) Berechnen Sie die folgenden Quotienten, Produkte, Summen und Differenzen:

a) $-5 \cdot (-2)$ b) $3 \cdot (-7)$ c) $-10 : (-5)$ d) $10 : (-2)$
e) $0{,}25 \cdot (-4) \cdot (-7)$ f) $-4 + (-10)$ g) $2 \cdot (15 - 30)$ h) $(-10 - 5) \cdot (-2)$
i) $-5 - (-8)$

II) Aufgaben zur Bruchrechnung:

a)
$$\frac{1}{3} + \frac{2}{3}$$
$$\frac{2}{7} + \frac{3}{9}$$
$$\frac{1}{8} - \frac{1}{10}$$
$$-3 - \frac{5}{2}$$

b)
$$\frac{5}{3} \cdot \frac{6}{20}$$
$$-\frac{4}{5} \cdot \left(-\frac{10}{8}\right)$$
$$\frac{4}{9} \cdot \left(\frac{5}{3}\right)$$
$$-\frac{1}{6} \cdot 0{,}15$$

c)
$$\frac{1}{3} \cdot \left(\frac{6}{20} - \frac{1}{5}\right)$$
$$-\frac{1}{5} \cdot \left(-\frac{5}{8} + 0{,}4\right)$$
$$-\frac{2}{3} : \left(\frac{1}{3} - \frac{1}{5}\right)$$
$$\left(\frac{2}{5} - 0{,}2\right) \cdot \left(\frac{1}{3} - \frac{3}{5}\right)$$

III) Wandeln Sie die folgenden Dezimalzahlen in einen Bruch um:
a) 0,15   b) 10,25   c) $0{,}1\overline{57}$ d) 0,4   e) $0{,}\overline{5}$ f) $0{,}2\overline{41}$
g) 0,157   h) $0{,}\overline{65}$ i) $0{,}2\overline{25}$ j) 1,15

Aufgabe 4:

I) Vereinfachen Sie die folgenden Ausdrücke:
a) $2a + 3b - 5a + 2b$
b) $x - 5y - 10x + 3y$
c) $2(2x - y) - (5x - 4y)$
d) $-(5x - 4y) - 4(10x - y) + (2x - y)$
e) $-20(1/4x - 2/5y) - (-5x + y)$
f) $-2ab + 4ab - 20a - 5ab + 5a$
g) $2x(3y - 5z) - 2y(-5x - 2z)$
h) $a(5b - 2) - 3a(-4b - 10)$

II) Klammern Sie so viel wie möglich aus:
a) $5x - 20y$
b) $5a - 20b + 40d$
c) $-2a - 10b - 20c$
d) $5x^2 - 10x$
e) $5ab^2 - 20ab + 30a^2b$

III) Vereinfachen Sie die folgenden Ausdrücke mit Hilfe der Potenzgesetze:

a) $a^3 a^4$
b) $x^7 x^{-3}$
c) $4a^5 2a^7$
d) $-b^5 b^{-1}(-4)b^9$
e) $a^4 b^3 a^7 b^2$
f) $-2x^3(-2)y^5(-1)x^7 y^2$
g) $x^3 y^{-5} x^2 y^2$
h) $\dfrac{a^8}{a^3}$
i) $\dfrac{x^8}{x^{-2}}$
j) $\dfrac{4x^7}{2x^3}$
k) $\dfrac{8x^9 y^7}{2xy^3}$
l) $\dfrac{3a^5 b^{-8}}{2a^{10} b^3}$
m) $\dfrac{4a^4 b^{10} c^{-5}}{2a^8 b^{-5} c^{-6}}$
n) $\dfrac{15a^3 b^9 c^8}{3a^5 b^{11}}$
o) $\dfrac{9a^{15} b^{-5}}{36a^{-8} b^{-10}}$
p) $\dfrac{9a^{15} b^{-5}}{18ab^7}$
q) $\dfrac{(x-y)^5}{(x-y)^3}$
r) $(ab)^7$
q) $\left(a^3 b^2\right)^8$
t) $\left(a^{-2} b\right)^{-5}$
u) $\left(\dfrac{a}{b}\right)^3$

v) $\left(\dfrac{a^3}{b^6}\right)^2$ w) $\left(\dfrac{a^2b^{-2}}{2c^6}\right)^{-5}$ x) $\left(\dfrac{a^5b^8}{b^{-3}}\right)^3$

y) $\left(\dfrac{5a^{-2}b^5}{8b^2c^5}\right)^6$

IV) Schreiben Sie mit Wurzelzeichen:

a) $x^{1/5}$ b) $y^{2/3}$ c) $a^{1/8}$ d) $(ab)^{2/5}$ e) $x^{0,25}$ f) $a^{0,1}$

V) Fassen Sie die folgenden Ausdrücke zusammen und wenden Sie die Potenzgesetze an:

a) $a^3b^2 + a^7b^{1/2}$ b) $a^2a + bbb^3$ c) $xy^3xyx^7 - 2xy^6(-5)x$

d) $\dfrac{x^3}{y^5} \cdot \dfrac{y^9}{x}$ e) $\dfrac{2x^5}{5y^6} \cdot \dfrac{25y^8}{4x^{-2}}$ f) $\dfrac{36a^5}{4b^5} \cdot \dfrac{8b^7}{9a^{10}}$

g) $\dfrac{x^3}{y^5} : \dfrac{x^3}{y^{10}}$ h) $\dfrac{2x^{10}}{3y^{-5}} \cdot \dfrac{4x^2}{9y^8}$ i) $\dfrac{8x^{-5}}{3y^2} : \dfrac{7x^{-3}}{5y}$

j) $\left(\dfrac{a^2}{b^5} + \dfrac{a}{b^{-3}}\right) : \dfrac{a^7}{b^{-5}}$

Aufgabe 5:

I) Wenden Sie die Logarithmengesetze an:

a) $\ln(a^2)$ b) $\ln(a \cdot x)$ c) $\ln(a^{-1})$ d) $\ln(a^2b^2)$ e) $\ln\left(\sqrt{a}\right)$

f) $\ln\left(b\sqrt{a^3}\right)$ g) $\ln(x^{-5}y^3z^2)$ h) $\ln(e)$ i) $\ln(e^2)$ j) $\ln\left(\dfrac{a}{b}\right)$

k) $\ln\left(\dfrac{a^3}{b^5}\right)$ l) $\ln\left(\dfrac{5\sqrt{a}}{b^8}\right)$ m) $\ln\left(\dfrac{a^{-4}}{b^{-8}}\right)$ n) $\ln\left(\dfrac{a^5b^7}{c^3d^{-9}}\right)$ o) $\ln\left(\dfrac{10}{b^7c^8}\right)$

II) Lösen Sie die folgenden Gleichungen mit Hilfe der Potenz- bzw. Logarithmengesetze:

a) $1 = e^x$ b) $4 = 2e^{3x}$ c) $1 = \ln(2x+1)$ d) $5 = 3^x$ e) $2 = 4^{0,1x}$

f) $10 = 5^{2x}$ g) $5 = 2\ln(1+x)$ h) $4 = e^{5x} \cdot e^{2x+1}$

Aufgabe 6:

I) Wie lautet das Bildungsgesetz der jeweiligen Folgen?

a) 1, 4, 9, 16, 25, ... b) 4, 8, 12, 16, 20, ... c) 4, 3, 2, 1, 0, -1, -2, ...

d) 1/2, 1/4, 1/6, 1/8, ... e) 1, -2, 4, -8, 16, ...

II) Stellen Sie die folgenden Summen bzw. Produkte mit dem Summen- bzw. Produktzeichen dar:

a) $2 + 4 + 6 + 8$ b) $2^0 + 2^1 + 2^2 + 2^3$ c) $1/2 + 1/4 + 1/6 + 1/8$
d) $1/9 + 1/16 + 1/25 + 1/36$ e) $1\cdot 2\cdot 3\cdot 4\cdot 5\cdot 6$ f) $5\cdot 10\cdot 15\cdot 20$

Aufgabe 7:
I) Aufgaben zur binomischen Formel mit der Potenz n = 2:
a) $(2x + y)^2$ b) $(3x - 2y)^2$ c) $(5v + 3w)^2$
d) $\left(\frac{2}{3}x - \frac{1}{2}y\right)^2$ e) $(-2a - 7b)^2$ f) $(2ab + 5c)^2$
g) $(ab^2 - 5ab)^2$ h) $(2x - y)(2x + y)$ i) $(5a - 7b)(5a + 7b)$
j) $(ab - 4cd)(ab + 4cd)$ k) $(-5x + y)(-5x - y)$ l) $(x - 3y)(x + 3y) - (2x - 4y)^2$

II) Aufgaben zur binomischen Formel mit der Potenz n > 2:
a) $(2x + y)^3$ b) $(2x + 3y)^3$ c) $(3x - 5y)^3$ d) $(a + b)^5$

Aufgabe 8:
I) Berechnen Sie mit der Formel des Pythagoras die fehlenden Seiten ($\gamma = 90°$):
a) a = 3cm; b = 4cm   b) c = 8cm; b = 4cm   c) c = 5cm; a = 2,8cm
d) a = 6cm; b = 7,8cm   e) b = 4,9cm; c = 9cm

II) Berechnen Sie die übrigen Seiten und Winkel in den folgenden rechtwinkligen Dreiecken:
a) a = 5cm; b = 3cm; $\gamma = 90°$ b) c = 8,5cm; b = 3,9cm; $\gamma = 90°$
c) c = 8,5cm; $\alpha = 30°$; $\gamma = 90°$ d) a = 8cm; b = 3,5cm; $\alpha = 90°$
e) c = 5cm; a = 10cm; $\alpha = 90°$ f) c = 4,8cm; $\gamma = 42°$; $\beta = 90°$

III) Berechnen Sie mit dem Sinussatz die übrigen Teile des Dreiecks:
a) $\alpha = 20°$; $\gamma = 60°$; a = 5cm   b) $\gamma = 40°$; a = 5cm; c = 6,5cm
c) $\beta = 70°$; a = 4cm; b = 9cm   d) $\gamma = 75°$; b = 2,5cm; c = 8cm

IV) Berechnen Sie mit dem Kosinussatz die übrigen Teile des Dreiecks:
a) $\gamma = 70°$; a = 4cm; b = 2,5cm   b) $\beta = 56°$; a = 2,5cm; c = 4cm
c) a = 4cm; b = 5,6cm; c = 7cm   d) $\beta = 70°$; a = 4,5cm; c = 6,3cm

Aufgabe 9:
I) Bestimmen Sie die Lösungsmenge der folgenden Gleichungen:
a) $5x - 5 = 30$ b) $-5x + 10 = 10x - 5$
c) $2x + 5 = 25 + 4x$ d) $2(x - 4) = -2(x - 20)$
e) $-(4x - 2) = -4(2x + 10)$ f) $x + 2 - (2x + 4) = 10 - (3x + 8)$
g) $5x - 2(3x + 4) = 2x + 12$ h) $5x - 4 = 5x + 8$
i) $9x + 27 = 3(3x+9)$ (Grundmenge **R**)

II) Bestimmen Sie die Lösungsmenge und legen Sie den Definitionsbereich fest:
a) $\frac{1}{x} = 2$ b) $\frac{1}{x-4} = 1$ c) $\frac{x+4}{x+1} = -2$ d) $\frac{2}{x+1} = \frac{1}{x-2}$

Aufgabe 10:
Bestimmen Sie jeweils die Lösungsmenge der folgenden Wurzelgleichungen:

a) $\sqrt{2x+1} = 4$ b) $2\sqrt{x-3} = \sqrt{x+5}$ c) $\sqrt{x-1} - 5 = 7$.

Aufgabe 11:
Bestimmen Sie die Lösungsmenge der folgenden quadratischen Gleichungen:

a) $x^2 - 8x - 9 = 0$ b) $-x^2 + 2x - 1 = 0$ c) $x^2 - 4x = -10$
d) $x^2 - 3x = 0$ e) $x^2 = 0{,}5x + 2$ f) $2x^2 - 4x - 16 = 0$

Aufgabe 12:
Bestimmen Sie die Lösungsmenge der folgenden kubischen Gleichungen:

a) $x^3 - 9x = 0$ b) $4x^3 - 8x = 0$ c) $x^3 - 2x^2 - x + 2 = 0$
d) $x^3 - x^2 - 10x - 8 = 0$ e) $2x^3 - 2x^2 - 34x = 30$

Aufgabe 13:
I) Ein Motorradfahrer ist gezwungen an einer Tankstelle zu tanken, die keine Mischsäule hat. Der Tank des Motorrads fasst noch 13 Liter, das Mischungsverhältnis (Öl : Benzin) muss 1 : 25 sein. Wieviel Liter Benzin und wieviel Liter Öl sind zu tanken, wenn der Tank voll werden soll?

II) Der Preis einer Ware wurde um 10% gesenkt und beträgt jetzt 1,17 DM.
   a) Wie viel kostete die Ware vorher?
   b) Um wie viel Prozent hätte die Ware gesenkt werden müssen, damit sie dann genau eine DM gekostet hätte?

III) 4 Arbeiter erstellen in 4 Stunden eine 4 Meter lange Mauer. Wie lang ist die Mauer, die 8 Arbeiter in 8 Stunden erstellen?

IV) Die Bevölkerung einer Stadt ist in den letzten zehn Jahren von 42.000 auf 51.700 Einwohner angewachsen.
   a) Wie hoch war das durchschnittliche prozentuale Wachstum pro Jahr?
   b) Wie hoch wird die Einwohnerzahl in zehn Jahren sein, wenn gleichbleibendes Bevölkerungswachstum unterstellt wird?

V) Der Besitzer eines Tante-Emma-Ladens hat mit einem Jahresumsatz von 500.000 DM einen regionalen Marktanteil nur 2%. Durch Werbemaßnahmen und viel Engagement rechnet er für die nächsten fünf Jahre mit einer jährlichen Steigerung des eigenen Umsatzes um 10%. Wie hoch ist der Marktanteil des Tante-Emma-Ladens, wenn
   a) der Gesamtumsatz in der Region über die betreffenden 5 Jahre konstant bleibt?
   b) der Gesamtabsatz jährlich um 2% schrumpft?

Aufgabe 14:
Lösen Sie die folgenden Ungleichungen nach x auf:
a) $2x - 4 < 10$
b) $3x - 12 > 6x + 21$
c) $-4(x + 10) > -2(x + 8)$
d) $3x - 5(x - 3) > -(-5x - 10)$
e) $-4x - (-3x + 5) \geq 8x - 7$
f) $\frac{1}{5}x - 10 < \frac{3}{5}x - 5$
g) $\frac{1}{x+4} < 5$
h) $\frac{1}{2x-4} \leq \frac{-2}{x+1}$

Aufgabe 15:
I) Zeichnen Sie die Gerade $y = 2x + 1$ in ein Koordinatensystem ein.

II) Gesucht sind jeweils die Nullstellen der folgenden Geraden:
a) $y = -4x + 3$ b) $y = 2x - 8$ c) $y = -\frac{2}{5}x + 2$ d) $y = -0{,}25x + 0{,}2$.

III) Wie lauten die Gleichungen der folgenden Geraden?
a) Eine Gerade hat die Steigung $m = 2$ und geht durch den Punkt $P = (1;5)$.
b) Eine Gerade hat die Steigung $m = -3$ und geht durch den Punkt $P = (-5;8)$.
c) Eine Gerade geht durch die Punkte $P = (-3;2)$ und $Q = (2;8)$.
d) Eine Gerade geht durch die Punkte $P = (0;2)$ und $Q = (1;1)$.

Aufgabe 16:
I) Gesucht sind jeweils die Nullstellen der folgenden Parabeln:

a) $f(x) = x^2 - 4$ b) $f(x) = -x^2 + 2$ c) $f(x) = -\frac{1}{2}x^2 + 2x + 8$

II) Gesucht sind die Nullstellen der folgenden kubischen Funktionen (Polynome vom Grad 3):

a) $f(x) = -x^3 + 2x^2$ b) $f(x) = -2x^3 + 9{,}5x - 7{,}5$ c) $f(x) = -x^3 + 3x^2 + 10x - 24$

Aufgabe 17:
I) Bestimmen Sie die Funktionswerte der folgenden trigonometrischen Funktionen an den Stellen $x_1 = 0$, $x_2 = \pi/2$, $x_3 = \pi$, $x_4 = 3/2\pi$, $x_5 = 2\pi$:

a) $f(x) = \sin(x)$ b) $f(x) = \cos(x)$ c) $f(x) = \tan(x)$

II) An welchen Stellen im Intervall $[0; \pi)$ nimmt die Funktion f mit $f(x) = \sin(x)$ die Funktionswerte:

a) $f(x) = 1$ b) $f(x) = 0$ an?

Aufgabe 18:
I) Ein radioaktives Produkt hat eine Halbwertszeit von 100 Jahren (d.h. $f(100) = 50\% = 0{,}5$). Der Zerfall kann mit Hilfe der Exponentialfunktion
$$f(t) = a \cdot e^{k \cdot t}$$
beschrieben werden.
a) Wie lautet die Funktion f, die den Zerfall beschreibt?

b) Nach wie vielen Jahren sind noch 10% des radioaktiven Produkts vorhanden?
c) Erstellen Sie eine Wertetabelle (für t = 0, 50, 100, 150, 200, 250, 300, 350, 400) und zeichnen Sie das Schaubild der Funktion f.

II) Eine Bakterienkultur, die exponentiell wächst (nach der Funktion aus Aufgabenteil I), enthält nach 5 Minuten 10 Bakterien und nach 10 Minuten 300 Bakterien.
a) Wie lautet die Funktion f, die das Wachstum der Bakterienkultur beschreibt?
b) Wie viele Bakterien enthält diese nach 15 Minuten?
c) Wann enthält diese Bakterienkultur 1000 Bakterien?

Aufgabe 19:
I) Wie lauten die Nullstellen der folgenden gebrochenrationalen Funktionen?

a) $f(x) = \dfrac{2}{x-3}$
b) $f(x) = \dfrac{x-4}{3x-4}$
c) $f(x) = \dfrac{x+1}{x^3-x}$

d) $f(x) = \dfrac{x^2-6x-16}{x^3-25}$
e) $f(x) = \dfrac{x^2-4x}{x^2+6}$
f) $f(x) = \dfrac{x^3-36x}{2x^3-x}$

II) Wie lauten die Polstellen der folgenden gebrochenrationalen Funktionen?

a) $f(x) = \dfrac{1}{x-1}$
b) $f(x) = \dfrac{3x}{2x+4}$
c) $f(x) = \dfrac{x-5}{x^2-25}$

d) $f(x) = \dfrac{x^3-8}{x^3-4x}$
e) $f(x) = \dfrac{2x^2-4x-6}{0{,}5x-37}$
f) $f(x) = \dfrac{2}{x^3-x}$

Aufgabe 20:
Wie lautet die Gleichung der Asymptote der folgenden gebrochenrationalen Funktionen?

a) $f(x) = \dfrac{1}{x^3-2}$
b) $f(x) = \dfrac{1}{2x}$
c) $f(x) = \dfrac{2x^2-8}{x+1}$

d) $f(x) = \dfrac{8x^3-3x+8}{2x^3-4x}$
e) $f(x) = \dfrac{x-37}{4x+10}$
f) $f(x) = \dfrac{x^3-5x^2-2x+1}{x-1}$

g) $f(x) = \dfrac{8x-5}{3x-0{,}5}$
h) $f(x) = \dfrac{5x^2+x-1}{x+2}$

Aufgabe 21:
Bestimmen Sie jeweils den Definitions- und Wertebereich der folgenden Funktionen:

a) $f(x) = \sqrt{5-x}$
b) $f(x) = -\sqrt{2x-6}$
c) $f(x) = \sqrt{x^2+1}$
d) $f(x) = -\sqrt{9-x^2}$

Aufgabe 22:
Sind die folgenden Funktionen auf **R** stetig? Wenn nicht, geben Sie die Stellen an, an denen die Funktionen nicht stetig sind.

a) $f(x) = \begin{cases} \frac{1}{x} & \text{für } x \neq 0 \\ 0 & \text{für } x = 0 \end{cases}$ b) $f(x) = x^2 - 5x + 1$ c) $f(x) = \dfrac{x}{x^2 - 4}$

Aufgabe 23:
I) Welche der folgenden Funktion sind punktsymmetrisch zum Ursprung oder symmetrisch zur y-Achse?

a) $f(x) = x^2 - 4$
b) $f(x) = x^5 - 4x^3 + 2x$
c) $f(x) = x^4 + 2x^2 - 5$
d) $f(x) = x^7 - 3x$
e) $f(x) = -x^8 - 5x^2$

II) Bestimmen Sie jeweils die Grenzwerte $\lim\limits_{x \to \infty} f(x)$ und $\lim\limits_{x \to -\infty} f(x)$ bei

a) $f(x) = x^2 - 2x + 1$
b) $f(x) = -2x^2 + 2$
c) $f(x) = x^3 - 2x^2 + 1$
d) $f(x) = -x^3 - 3x^2 + 2x + 1$
e) $f(x) = -4x^5 + 2x^2 + 1$
f) $f(x) = 1/x$

Aufgabe 24:
Bestimmen Sie die ersten zwei Ableitungen der folgenden Funktionen:

a) $f(x) = x^2 - 2x + 5$
b) $f(x) = 2x + 1$
c) $f(x) = 4x^2 - 6x - 2$
d) $f(x) = -0{,}5x^2 + 0{,}2x + 1$
e) $f(x) = 2x^4 - 3x^2 + x + 1$
f) $f(x) = 1/3 x^6 - 2x^5 + 4x^4 - 10x^3 + x^2 - 5x - 2$
g) $f(x) = 2 \cdot \sin(x)$
h) $f(x) = 5 \cdot \sqrt{x}$
i) $f(x) = 2 \cdot e^x + x^{1/3}$
j) $f(x) = 2^x + x^{1,3}$
k) $f(x) = 2 \cdot \ln(x)$

Aufgabe 25:
Bestimmen Sie die erste Ableitung der folgenden Funktionen mit Hilfe der Produkt- oder Quotientenregel:

a) $f(x) = x^2 \cdot \sin(x)$
b) $f(x) = 2x^3 \cdot \cos(x)$
c) $f(x) = 5(x^2 - 3x + 1) \cdot \cos(x)$
d) $f(x) = (x^3 + 4x^2 + 1) \cdot e^x$
e) $f(x) = \dfrac{x}{2x - 5}$
f) $f(x) = \dfrac{1}{x + 1}$
g) $f(x) = \dfrac{x^2 - 2x}{x + 1}$
h) $f(x) = \dfrac{-3x^2 + 4x + 1}{x^2 - 2x + 4}$
i) $f(x) = \dfrac{2x^2 - x}{x^2 + 4}$

Aufgabe 26:
Bestimmen Sie die erste Ableitung der folgenden Funktionen mit Hilfe der Kettenregel:

a) $f(x) = \sin(2x - 4)$
b) $f(x) = \cos(x^2 - 5x + 1)$
c) $f(x) = 2 \cdot \sin(x^4 - 3x + 1)$
d) $f(x) = e^{2x+4}$
e) $f(x) = \sqrt{x^2 - 2x + 1}$
f) $f(x) = \sqrt{\cos(x)}$
g) $f(x) = (x^2 + x - 4)^3$

Aufgabe 27:
Berechnen Sie alle lokalen Extrema der jeweiligen Funktion und bestimmen Sie, ob es sich um lokale Minima oder Maxima handelt:

a) $f(x) = x^2 - 4x + 2$ b) $f(x) = x^3 - 12x^2 + 2$ c) $f(x) = -x^4 - 3x^3$
d) $f(x) = x^3 - 4$ e) $f(x) = x^3 - 12x^2 - 15x - 2$

Aufgabe 28:
Bestimmen Sie die Wendepunkte der folgenden Funktionen:

a) $f(x) = x^2 - 2$ b) $f(x) = x^3 - 4x^2 - 5x + 1$ c) $f(x) = 0{,}25x^4 - 6x^2 - 5x + 1$
d) $f(x) = -2x^4 + 8x^3 + 96x^2 + x - 3$ e) $f(x) = x^3 - 4x + 5$

Aufgabe 29:
Auf welchen Intervallen sind die folgenden Funktionen streng monoton fallend bzw. streng monoton steigend?

a) $f(x) = -4x + 8$ b) $f(x) = -3x^2 + 9x - 3$ c) $f(x) = x^2 - 5x$

Aufgabe 30:
Bestimmen Sie den Definitions- und den Wertebereich der folgenden Funktionen so, dass die Funktionen bijektiv sind, und ermitteln Sie jeweils die Umkehrfunktion:

a) $f(x) = 2x + 4$ b) $f(x) = x^3 - 2$ c) $f(x) = \sqrt{x+1}$ d) $f(x) = 2x^2 - 8$

Aufgabe 31:
Führen Sie eine vollständige Kurvendiskussion an den folgenden Funktionen durch:

a) $f(x) = \frac{1}{3}x^3 - 2x^2 - 5x$ b) $f(x) = x^4 - 25x^2$ c) $f(x) = \dfrac{2x^2 - x}{x+1}$

Aufgabe 32:
Bestimmen Sie ausgehend von der Funktion f die Stammfunktion F, die durch den Punkt $P = (1;4)$ geht:

a) $f(x) = x^2 + 2x + 5$ b) $f(x) = 6x^3 - 4x^2 + 2x + 1$
c) $f(x) = -8x^4 - 2x^3 + x^2 - 2x + 1$ d) $f(x) = x^3 - 4x^2 + x + 5$

Aufgabe 33:
Berechnen Sie die folgenden bestimmten Integrale:

a) $\int_{0}^{2}(x^2 - 2x + 4)dx$ b) $\int_{-2}^{2}(x^3 - 4)dx$ c) $\int_{-1}^{2}(4x^2 - x)dx$

d) $\int_{-4}^{-1}(-6x^3 + x - 2)dx$ e) $\int_{1}^{3}(9x^3 - 2x^2 + x - 1)dx$ f) $\int_{-2}^{2}(8x^4 - 2x^2 + 1)dx$

Aufgabe 34:
Bestimmen Sie die zwischen Kurve und x-Achse liegende Fläche:

a) $f(x) = -x^2 + 9$ b) $f(x) = x^2 - 8x + 7$ c) $f(x) = x^3 - 4x^2$
d) $f(x) = x^3 - 2x^2 - 8x$

7 Übungsaufgaben

Aufgabe 35:
Bestimmen Sie die zwischen den Kurven der Funktionen f und g liegende Fläche:

a) $f(x) = x^2 - 15$; $g(x) = 2x$ b) $f(x) = x^2 + 4x - 7$; $g(x) = -2x$
c) $f(x) = x^3 + 4x^2$; $g(x) = 4x^2 + 9x$ d) $f(x) = -6x^3$; $g(x) = -3x^2$

Aufgabe 36:
Bestimmen Sie mit Hilfe der Produktregel die folgenden Integrale:

a) $\int x \cdot e^x dx$ b) $\int_0^\pi x \cdot \cos(x) dx$ c) $\int_0^\pi x^2 \cdot \cos(x) dx$

Aufgabe 37:
Bestimmen Sie das Volumen der um die x-Achse rotierenden Kurve der Funktion f in den Grenzen [a;b] = [0;3]:

a) $f(x) = -x^2 + 9$ b) $f(x) = \sqrt{2x+1}$ c) $f(x) = \sqrt{x^2+2}$

Aufgabe 38:
I) Lösen Sie die folgenden Gleichungen nach x auf:

a) $x^2 + 25 = 0$ b) $-x^2 - 4 = 0$ c) $x^2 + 4x + 13 = 0$
d) $x^2 - 2x + 10 = 0$

II) Berechnen Sie die folgenden komplexen Ausdrücke:

a) $5 + 2i + 3 + 4i$ b) $2 - 4i - 5 + 3i$ c) $1 + i - (2i - 3i)$
d) $(5 + 3i)(2 - 2i)$ e) $(2 - 3i)(1 + 4i)$ f) $(2 - 4i)(4 + 2i)$
g) $(3 + 2i)^2$ h) $(5 + 2i)4i$ i) $5i \cdot 2i$
j) $\dfrac{2+i}{1-2i}$ k) $\dfrac{2+3i}{i}$ l) $\dfrac{4+2i}{3+4i}$

Aufgabe 39:
Stellen Sie die folgenden komplexen Zahlen in Polarkoordinaten dar:

a) $3 + 4i$ b) $4 + 6i$ c) $-2 + 2i$
d) $-4 - 3i$ e) $8 - 4i$

Aufgabe 40:
I) Berechnen Sie die folgenden Skalarprodukte:

a) $\begin{pmatrix}1\\5\end{pmatrix} \cdot \begin{pmatrix}-1\\2\end{pmatrix}$ b) $\begin{pmatrix}2\\-3\end{pmatrix} \cdot \begin{pmatrix}1\\-5\end{pmatrix}$ c) $\begin{pmatrix}1\\0\end{pmatrix} \cdot \begin{pmatrix}0\\2\end{pmatrix}$ d) $\begin{pmatrix}-2\\4\\1\end{pmatrix} \cdot \begin{pmatrix}2\\-2\\2\end{pmatrix}$ e) $\begin{pmatrix}-3\\-5\\2\end{pmatrix} \cdot \begin{pmatrix}-5\\5\\-1\end{pmatrix}$

II) Sind die folgenden Vektoren orthogonal zueinander?

a) $\begin{pmatrix}1\\0\end{pmatrix};\begin{pmatrix}-4\\2\end{pmatrix}$ b) $\begin{pmatrix}-2\\1\end{pmatrix};\begin{pmatrix}4\\8\end{pmatrix}$ c) $\begin{pmatrix}1\\0\end{pmatrix};\begin{pmatrix}0\\-5\end{pmatrix}$ d) $\begin{pmatrix}-2\\4\\-1\end{pmatrix};\begin{pmatrix}2\\2\\4\end{pmatrix}$ e) $\begin{pmatrix}-3\\-1\\2\end{pmatrix};\begin{pmatrix}-5\\0\\1\end{pmatrix}$

Aufgabe 41:
Berechnen Sie die Länge der folgenden Vektoren:

a) $\begin{pmatrix}1\\2\end{pmatrix}$ b) $\begin{pmatrix}3\\4\end{pmatrix}$ c) $\begin{pmatrix}1\\-5\end{pmatrix}$ d) $\begin{pmatrix}-4\\2\\-3\end{pmatrix}$ e) $\begin{pmatrix}-1\\-2\\5\end{pmatrix}$

Aufgabe 42:
Bestimmen Sie den Winkel zwischen den Vektoren:

a) $\begin{pmatrix}1\\3\end{pmatrix};\begin{pmatrix}2\\2\end{pmatrix}$ b) $\begin{pmatrix}1\\-2\end{pmatrix};\begin{pmatrix}-1\\-4\end{pmatrix}$ c) $\begin{pmatrix}1\\-1\end{pmatrix};\begin{pmatrix}1\\2\end{pmatrix}$ d) $\begin{pmatrix}2\\1\\1\end{pmatrix};\begin{pmatrix}2\\1\\0\end{pmatrix}$ e) $\begin{pmatrix}-1\\1\\-2\end{pmatrix};\begin{pmatrix}-2\\-3\\-3\end{pmatrix}$

Aufgabe 43:
a) Bestimmen Sie eine Parameterform der Geraden g, die durch die Punkte A = (1;1) und B = (4;–6) geht.
b) Liegt der Punkt C = (7;–14) auf der Geraden aus Aufgabenteil a ?

8 Lösungen

Lösung Aufgabe 1:
a) {9} b) {10; 25} c) {1; 2; 5; 7; 8; 9; 10; 20; 30; 50} d) {−5; −2; 0; 1; 2; 3; 4; 7}
e) $\{x \in \mathbb{Z} \mid 10 \leq x < 14\} = \{10; 11; 12; 13\}$
f) $\{x \in \mathbb{Z} \mid -2 < x < 5\} = \{-1; 0; 1; 2; 3; 4\}$
g) $\{x \in \mathbb{Z} \mid 8 < x \leq 15\} = \{9; 10; 11; 12; 13; 14; 15\}$ h) $\{x \in \mathbb{R} \mid x > -7\}$ i) $\mathbb{N}$

Lösung Aufgabe 2:
I) a) wahr b) wahr c) falsch d) wahr e) wahr f) wahr g) falsch
h) wahr i) falsch

II) a) $\forall_{n \in \mathbb{N}} \exists_{x \in \mathbb{R}} \sqrt{n} = x$ b) $\forall_{n \in \mathbb{N}} \exists_{x \in \mathbb{R}} \frac{n}{3} = x$ c) $\forall_{n \in \mathbb{N}} \exists_{m \in \mathbb{N}} n < m$ d) $\forall_{n,m \in \mathbb{N}} \exists_{q \in \mathbb{Q}} \frac{n}{m} = q$

Lösung Aufgabe 3:
I) a) 10 b) −21 c) 2 d) −5 e) 7 f) −14 g) −30 h) 30 i) 3

II) a) 1; $\frac{13}{21}$; $\frac{1}{40}$; $-\frac{11}{2} = -5\frac{1}{2}$

b) $\frac{1}{2}$; 1; $\frac{4}{15}$; $-\frac{1}{40} = -0{,}025$

c) $\frac{1}{30}$; $\frac{9}{200} = 0{,}045$; -5; $-\frac{4}{75} = -0{,}05\overline{3}$

III) a) $\frac{3}{20}$ b) $\frac{41}{4} = 10\frac{1}{4}$ c) $\frac{157}{999}$
d) $\frac{2}{5}$ e) $\frac{5}{9}$ f) $\frac{239}{990}$
g) $\frac{157}{1000}$ h) $\frac{65}{99}$ i) $\frac{223}{990}$ j) $\frac{23}{20}$

Lösung Aufgabe 4:
I) a) $-3a + 5b$ b) $-9x - 2y$ c) $-x + 2y$ d) $-43x + 7y$ e) $7y$
f) $-3ab - 15a$ g) $16xy - 10xz + 4yz$ h) $17ab + 28a$

II) a) $5(x - 4y)$ b) $5(a - 4b + 8d)$ c) $-2(a + 5b + 10c)$ d) $5x(x - 2)$
e) $5ab(b - 4 + 6a)$

III) a) a^7 b) x^4 c) $8a^{12}$ d) $4b^{13}$ e) $a^{11}b^5$ f) $-4x^{10}y^7$ g) $x^5 y^{-3}$ h) a^5 i) x^{10} j) $2x^4$
k) $4x^8 y^4$ l) $3/2 \, a^{-5} b^{-11}$ m) $2a^{-4} b^{15} c$ n) $5 \, a^{-2} b^{-2} c^8$ o) $\frac{1}{4} a^{23} b^5$ p) $\frac{1}{2} a^{14} b^{-12}$
q) $(x - y)^2$ r) $a^7 b^7$ s) $a^{24} b^{16}$ t) $a^{10} b^{-5}$ u) $a^3 b^{-3}$ v) $a^6 b^{-12}$
w) $2^5 a^{-10} b^{10} c^{30}$ x) $a^{15} b^{33}$ y) $5^6 \, 8^{-6} a^{-12} b^{18} c^{-30} = (0{,}625)^6 a^{-12} b^{18} c^{-30}$

IV) a) $\sqrt[5]{x}$ b) $\sqrt[3]{y^2}$ c) $\sqrt[8]{a}$ d) $\sqrt[5]{(ab)^2}$ e) $x^{1/4} = \sqrt[4]{x}$ f) $a^{1/10} = \sqrt[10]{a}$

V) a) Keine Zusammenfassung möglich b) $a^3 + b^5$ c) $x^9y^4 + 10x^2y^6$ d) x^2y^4
  e) $5/2 x^7 y^2$ f) $8a^{-5}b^2$ g) y^5 h) $\frac{3}{2}x^8 y^{13}$ i) $\frac{40}{21}x^{-2}y^{-1}$ j) $a^{-5}b^{-10} + a^{-6}b^{-2}$

Lösung Aufgabe 5:

I) a) $2 \cdot \ln(a)$ b) $\ln(a) + \ln(x)$ c) $-\ln(a)$ d) $2 \cdot \ln(a) + 2 \cdot \ln(b)$
  e) $\ln(a^{1/2}) = 1/2 \cdot \ln(a)$ f) $\ln(b \cdot a^{3/2}) = \ln(b) + 3/2 \cdot \ln(a)$
  g) $-5 \cdot \ln(x) + 3 \cdot \ln(y) + 2 \cdot \ln(z)$ h) 1 i) 2 j) $\ln(a) - \ln(b)$
  k) $\ln(a^3) - \ln(b^5) = 3 \cdot \ln(a) - 5 \cdot \ln(b)$ l) $\ln(5) + \frac{1}{2} \cdot \ln(a) - 8 \cdot \ln(b)$
  m) $-4 \cdot \ln(a) + 8 \cdot \ln(b)$ n) $5 \cdot \ln(a) + 7 \cdot \ln(b) - 3 \cdot \ln(c) + 9 \cdot \ln(d)$
  o) $\ln(10) - 7 \cdot \ln(b) - 8 \cdot \ln(c)$

II) a) $x = 0$ b) $x = \ln(2)/3 = 0{,}231$ c) $x = (e-1)/2 = 0{,}859$
  d) $x = \ln(5)/\ln(3) = 1{,}465$ e) $x = 5$ f) $x = \ln(10)/(2 \cdot \ln(5)) = 0{,}715$
  g) $x = e^{5/2} - 1 = 11{,}182$ h) $x = (\ln(4) - 1)/7 = 0{,}0551$.

Lösung Aufgabe 6:

I) a) $a_k = k^2$, $k = 1, 2, 3, \ldots$ b) $a_k = 4k$, $k = 1, 2, 3, \ldots$ c) $a_k = 5 - k$, $k = 1, 2, 3, \ldots$
  d) $a_k = \frac{1}{2k}$, $k = 1, 2, 3, \ldots$ e) $a_k = (-2)^k$, $k = 0, 1, 2, \ldots$

II) a) $\sum_{k=1}^{4} 2k$ b) $\sum_{k=0}^{3} 2^k$ c) $\sum_{k=1}^{4} \frac{1}{2k}$ d) $\sum_{k=3}^{6} \frac{1}{k^2}$ e) $\prod_{k=1}^{6} k$ f) $\prod_{k=1}^{4} 5k$

Lösung Aufgabe 7:

I) a) $4x^2 + 4xy + y^2$ b) $9x^2 - 12xy + 4y^2$ c) $25v^2 + 30vw + 9w^2$
  d) $4/9 x^2 - 2/3 xy + 1/4 y^2$ e) $4a^2 + 28ab + 49b^2$ f) $4a^2b^2 + 20abc + 25c^2$
  g) $a^2b^4 - 10a^2b^3 + 25a^2b^2$ h) $4x^2 - y^2$ i) $25a^2 - 49b^2$ j) $a^2b^2 - 16c^2d^2$
  k) $25x^2 - y^2$ l) $x^2 - 9y^2 - (4x^2 - 16xy + 16y^2) = -3x^2 + 16xy - 25y^2$

II) a) $8x^3 + 12x^2y + 6xy^2 + y^3$ b) $8x^3 + 36x^2y + 54xy^2 + 27y^3$
  c) $27x^3 - 135x^2y + 225xy^2 - 125y^3$ d) $a^5 + 5a^4b + 10a^3b^2 + 10a^2b^3 + 5ab^4 + b^5$

Lösung Aufgabe 8:

I) a) $c = 5$ cm b) $a = 6{,}928$ cm c) $b = 4{,}142$ cm d) $c = 9{,}840$ cm e) $a = 7{,}549$ cm

II) a) $\alpha = 59{,}04°$; $\beta = 30{,}96°$; $c = 5{,}83$ cm b) $\alpha = 62{,}69°$; $\beta = 27{,}31°$; $a = 7{,}55$ cm
  c) $\beta = 60°$; $a = 4{,}25$ cm; $b = 7{,}36$ cm d) $\beta = 25{,}94°$; $\gamma = 64{,}06°$; $c = 7{,}19$ cm
  e) $\beta = 60°$; $\gamma = 30°$; $b = 8{,}66$ cm f) $\alpha = 48°$; $a = 5{,}33$ cm; $b = 7{,}17$ cm

III) a) $\beta = 100°$; $b = 14{,}40$ cm; $c = 12{,}66$ cm b) $\alpha = 29{,}63°$; $\beta = 110{,}37°$; $b = 9{,}48$ cm
  c) $\alpha = 24{,}69°$; $\gamma = 85{,}31°$; $c = 9{,}55$ cm d) $\alpha = 87{,}43°$; $\beta = 17{,}57°$; $a = 8{,}27$ cm

IV) a) $\alpha = 73{,}24°$; $\beta = 36{,}76°$; $c = 3{,}93$ cm b) $\alpha = 38{,}54°$; $\gamma = 85{,}46°$; $b = 3{,}33$ cm
  c) $\alpha = 34{,}82°$; $\beta = 53{,}08°$; $\gamma = 92{,}10°$ d) $\alpha = 41{,}61°$; $\gamma = 68{,}39°$; $b = 6{,}37$ cm

Lösung Aufgabe 9:
I) a) L = {7} b) L = {1} c) L = {−10} d) L = {12} e) L = {−10,5} f) L = {2}
g) L = {−20/3} h) L = { } i) L = **R**
II) a) D= **R** \ {0}; L = {0,5} b) D = **R** \ {4}; L = {5} c) D = **R** \ {−1}; L = {−2}
d) D = **R** \ {−1; 2}; L = {5}

Lösung Aufgabe 10:
a) L = {7,5} b) L = {17/3} c) L = {145}

Lösung Aufgabe 11:
a) L = {−1; 9} b) L = {1} c) L = { } d) L = {0; 3} e) L = {−1,186; 1,686}
f) L = {−2; 4}

Lösung Aufgabe 12:
a) L = {−3; 0; 3} b) L = {−$\sqrt{2}$; 0; $\sqrt{2}$ } c) L = {−1; 1; 2} d) L = {−2; −1; 4}
e) L = {−3; −1; 5}

Lösung Aufgabe 13:
I) 0,5 l Öl und 12,5 l Benzin.
II) 1,30 DM; 23,07692%
III) 16 m. Ein Arbeiter benötigt für einen Meter 4 Stunden.
IV) a) 2,09962% b) ungefähr 63640 Einwohner
V) a) 3,221% b) 3,563%

Lösung Aufgabe 14:
a) x < 7   b) x < −11 c) x < −12 d) x < 5/7 = 0,71429 e) x ≤ 2/9 = $0,\overline{2}$ f) x > −12,5
g) D = **R** \ {−4}; x > −3,8 oder x < −4   h) D = **R** \ {2; −1}; x < −1 oder 1,4 ≤ x < 2

Lösung Aufgabe 15:

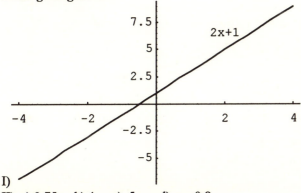

I)
II) a) 0,75   b) 4   c) 5   d) x = 0,8
III) a) y = 2x + 3   b) y = −3x − 7   c) y = 1,2x + 5,6   d) y = −x + 2

Lösung Aufgabe 16:
I) a) $L = \{-2; 2\}$ b) $L = \{-\sqrt{2}; \sqrt{2}\} = \{1{,}414; -1{,}414\}$
   c) $L = \{-2{,}472; 6{,}472\}$
II) a) $L = \{0; 2\}$ b) $L = \{-2{,}5; 1; 1{,}5\}$ c) $L = \{-3; 2; 4\}$

Lösung Aufgabe 17:
I) a) $f(x_1) = 0$, $f(x_2) = 1$, $f(x_3) = 0$, $f(x_4) = -1$, $f(x_5) = 0$
   b) $f(x_1) = 1$, $f(x_2) = 0$, $f(x_3) = -1$, $f(x_4) = 0$, $f(x_5) = 1$
   c) $f(x_1) = 0$, $f(x_2)$ existiert nicht, $f(x_3) = 0$, $f(x_4)$ existiert nicht, $f(x_5) = 0$
II) a) $x = \pi/2$ b) $x = 0$

Lösung Aufgabe 18:
I) a) (1) $f(0) = 100\% = 1 \Rightarrow a \cdot e^{0 \cdot k} = 1 \Leftrightarrow a = 1$.
       (2) $f(100) = 50\% = 0{,}5 \Rightarrow a \cdot e^{100 \cdot k} = 0{,}5$.
       (1) in (2): $e^{100 \cdot k} = 0{,}5 \Leftrightarrow k = \ln(0{,}5)/100 \approx -0{,}00693147$.
       Es ergibt sich: $f(t) = e^{t \cdot \ln(0{,}5)/100} \approx e^{-t \cdot 0{,}00693147}$.
   b) $f(t) = 10\% = 0{,}1 \Rightarrow t = 100 \cdot \ln(0{,}1)/\ln(0{,}5) = 332{,}19$.
      Nach ungefähr 332 Jahren sind noch 10% vorhanden.
   c)

t	0	50	100	150	200	250	300	350	400
f(t)	1	0,707	0,500	0,354	0,250	0,177	0,125	0,088	0,063

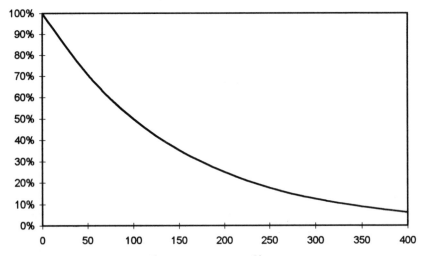

II) a) (1) $f(5) = 10 \Rightarrow a \cdot e^{5 \cdot k} = 10 \Leftrightarrow a = 10 \cdot e^{-5 \cdot k}$
       (2) $f(10) = 300 \Rightarrow a \cdot e^{10 \cdot k} = 300$.
       (1) in (2): $10 \cdot e^{-5 \cdot k} \cdot e^{10 \cdot k} = 300 \Leftrightarrow e^{5 \cdot k} = 30 \Leftrightarrow k = \ln(30)/5 \approx 0{,}680239$.
       In (1) $a = 10 \cdot e^{-5 \cdot \ln(30)/5} = 10 \cdot e^{-\ln(30)} = 10 \cdot 30^{-1} = 1/3$. Also: $f(t) = 1/3 \cdot e^{t \cdot \ln(30)/5}$.
   b) $f(15) = 1/3 \cdot e^{3 \cdot \ln(30)} = 1/3 \cdot 30^3 = 9000$.
      Also enthält die Bakterienkultur nach 15 Minuten 9000 Bakterien.

c) $f(t) = 1/3 \cdot e^{t \cdot \ln(30)/5} = 1000 \Leftrightarrow t = 5 \cdot \ln(3000)/\ln(30) = 11{,}770$.
Somit enthält die Bakterienkultur nach 11,770 Minuten 1000 Bakterien.

Lösung Aufgabe 19:
I) a) keine Nullstelle b) 4   c) keine Nullstelle d) –2; 8   e) 0; 4 f) –6; 6
II) a) 1   b) –2   c) –5   d) –2; 0   e) 74   f) –1; 0; 1

Lösung Aufgabe 20:
a) $a(x) = 0$ b) $a(x) = 0$ c) $a(x) = 2x - 2$ d) $a(x) = 4$ e) $a(x) = ¼$
f) $a(x) = x^2 - 4x - 6$ g) $a(x) = 8/3$ h) $a(x) = 5x - 9$

Lösung Aufgabe 21:
a) $D_f = (-\infty; 5]$, $W_f = [0, \infty)$ b) $D_f = [3; \infty)$, $W_f = (-\infty; 0]$
c) $D_f = \mathbf{R}$, $W_f = [1; \infty)$ d) $D_f = [-3; 3]$, $W_f = [-3; 0]$

Lösung Aufgabe 22:
a) f ist an $x = 0$ nicht stetig. f ist für alle $x \in \mathbf{R} \setminus \{0\}$ stetig.
b) f ist auf **R** stetig.
c) f ist an den Stellen $x = -2$ und $x = 2$ nicht definiert und somit auch nicht stetig; f ist an $x \in \mathbf{R} \setminus \{-2; 2\}$ stetig.

Lösung Aufgabe 23:
I) a) Achsensymmetrisch zur y-Achse   b) Punktsymmetrisch zum Ursprung
   c) Achsensymmetrisch zur y-Achse   d) Punktsymmetrisch zum Ursprung
   e) Achsensymmetrisch zur y-Achse
II) a) $\lim_{x \to \infty} f(x) = \infty$; $\lim_{x \to -\infty} f(x) = \infty$ b) $\lim_{x \to \infty} f(x) = -\infty$; $\lim_{x \to -\infty} f(x) = -\infty$
   c) $\lim_{x \to \infty} f(x) = \infty$; $\lim_{x \to -\infty} f(x) = -\infty$ d) $\lim_{x \to \infty} f(x) = -\infty$; $\lim_{x \to -\infty} f(x) = \infty$
   e) $\lim_{x \to \infty} f(x) = -\infty$; $\lim_{x \to -\infty} f(x) = \infty$ f) $\lim_{x \to \infty} f(x) = 0$; $\lim_{x \to -\infty} f(x) = 0$

Lösung Aufgabe 24:
a) $f'(x) = 2x - 2$; $f''(x) = 2$ b) $f'(x) = 2$; $f''(x) = 0$ c) $f'(x) = 8x - 6$; $f''(x) = 8$
d) $f'(x) = -x + 0{,}2$; $f''(x) = -1$ e) $f'(x) = 8x^3 - 6x + 1$; $f''(x) = 24x^2 - 6$
f) $f'(x) = 2x^5 - 10x^4 + 16x^3 - 30x^2 + 2x - 5$; $f''(x) = 10x^4 - 40x^3 + 48x^2 - 60x + 2$
g) $f'(x) = 2 \cdot \cos(x)$; $f''(x) = -2 \cdot \sin(x)$
h) $f'(x) = \dfrac{5}{2 \cdot \sqrt{x}} = 5/2 \cdot x^{-1/2}$; $f''(x) = -5/4 \cdot x^{-3/2} = -\dfrac{5}{4 \cdot x^{3/2}}$
i) $f'(x) = 2 \cdot e^x + 1/3 \cdot x^{-2/3}$; $f''(x) = 2 \cdot e^x - 2/9 \cdot x^{-5/3}$
j) $f'(x) = \ln(2) \cdot 2^x + 1{,}3 \cdot x^{0{,}3}$; $f''(x) = (\ln(2))^2 \cdot 2^x + 0{,}39 \cdot x^{-0{,}7}$
k) $f'(x) = \dfrac{2}{x} = 2 \cdot x^{-1}$; $f''(x) = -\dfrac{2}{x^2} = -2 \cdot x^{-2}$

Lösung Aufgabe 25:
a) $f'(x) = 2x \cdot \sin(x) + x^2 \cdot \cos(x)$ b) $f'(x) = 6x^2 \cdot \cos(x) - 2x^3 \cdot \sin(x)$
c) $f'(x) = 5(2x - 3) \cdot \cos(x) - 5(x^2 - 3x + 1) \cdot \sin(x)$ d) $f'(x) = (x^3 + 7x^2 + 8x + 1) \cdot e^x$
e) $f'(x) = \dfrac{-5}{(2x-5)^2}$ f) $f'(x) = \dfrac{-1}{(x+1)^2}$ g) $f'(x) = \dfrac{x^2 + 2x - 2}{(x+1)^2}$
h) $f'(x) = \dfrac{2x^2 - 26x + 18}{(x^2 - 2x + 4)^2}$ i) $f'(x) = \dfrac{x^2 + 16x - 4}{(x^2 + 4)^2}$

Lösung Aufgabe 26:
a) $f'(x) = 2 \cdot \cos(2x - 4)$ b) $f'(x) = -(2x - 5) \cdot \sin(x^2 - 5x + 1)$
c) $f'(x) = 2(4x^3 - 3) \cdot \cos(x^4 - 3x + 1)$ d) $f'(x) = 2 \cdot e^{2x+4}$
e) $f'(x) = \dfrac{x-1}{\sqrt{x^2 - 2x + 1}}$ f) $f'(x) = -\dfrac{\sin(x)}{2 \cdot \sqrt{\cos(x)}}$
g) $f'(x) = 3(2x + 1)(x^2 + x - 4)^2$

Lösung Aufgabe 27:
a) $f'(x) = 2x - 4$; lokales Minimum: $E = (2; -2)$
b) $f'(x) = 3x^2 - 24x$; lokales Maximum: $E_1 = (0; 2)$, lokales Minimum: $E_2 = (8; -254)$
c) $f'(x) = -4x^3 - 9x^2$; lokales Maximum: $E = (-2,25; 8,543)$
d) $f'(x) = 3x^2$; weder lokale Minima noch Maxima; nur einen Wendepunkt
e) $f'(x) = 3x^2 - 24x - 15$; lokales Maximum: $E_1 = (-0,583; 2,468)$, lokales Minimum: $E_2 = (8,583; -382,468)$

Lösung Aufgabe 28:
a) $f'(x) = 2x$; $f''(x) = 2$; keine Wendepunkte
b) $f'(x) = 3x^2 - 8x - 5$; $f''(x) = 6x - 8$; $f'''(x) = 6$;
   Wendepunkt: $W = (1,333; -10,407)$
c) $f'(x) = x^3 - 12x - 5$; $f''(x) = 3x^2 - 12$; $f'''(x) = 6x$:
   Wendepunkte: $W_1 = (-2; -9)$, $W_2 = (2; -29)$
d) $f'(x) = -8x^3 + 24x^2 + 192x + 1$; $f''(x) = -24x^2 + 48x + 192$; $f'''(x) = -48x + 48$;
   Wendepunkte: $W_1 = (-2; 283)$, $W_2 = (4; 1537)$
e) $f'(x) = 3x^2 - 4$; $f''(x) = 6x$; $f'''(x) = 6$; Wendepunkt: $W = (0; 5)$

Lösung Aufgabe 29:
a) $f'(x) = -4 < 0$ für alle $x \in \mathbf{R}$, somit ist die Funktion f auf $I = \mathbf{R}$ streng monoton fallend.
b) $f'(x) = -6x + 9$. Also $f'(x) > 0$ für $x \in (-\infty; 1,5) = I_1$ und $f'(x) < 0$ für $x \in (1,5; \infty) = I_2$, somit ist f auf I_1 streng monoton steigend und auf I_2 streng monoton fallend.
c) $f'(x) = 2x - 5$; $f'(x) > 0$ für $x \in (2,5; \infty) = I_1$ und $f'(x) < 0$ für $x \in (-\infty; 2,5) = I_2$. Daher ist f auf I_1 streng monoton steigend und auf I_2 streng monoton fallend.

Lösung Aufgabe 30:
a) f ist bijektiv für $D_f = \mathbf{R}$, $W_f = \mathbf{R}$; $f^{-1}: \mathbf{R} \to \mathbf{R}$ mit $f^{-1}(x) = 1/2 \cdot x - 2$
b) f ist bijektiv für $D_f = \mathbf{R}$ und $W_f = \mathbf{R}$; $f^{-1}: \mathbf{R} \to \mathbf{R}$ mit $f^{-1}(x) = \sqrt[3]{x+2}$
c) f ist bijektiv für $D_f = [-1; \infty)$ und $W_f = [0; \infty)$;
$f^{-1}: [0; \infty) \to [-1; \infty)$ mit $f^{-1}(x) = x^2 - 1$
d) f mit $f(x) = 2x^2$ ist bijektiv für:
  (1) $D_f = [0; \infty)$ und $W_f = [-8; \infty)$; $f^{-1}(x) = \sqrt{1/2 \cdot x + 4}$; $f^{-1}: [-8; \infty) \to [0; \infty)$
  (2) $D_f = (-\infty; 0]$ und $W_f = [-8; \infty)$; $f^{-1}(x) = -\sqrt{1/2 \cdot x + 4}$; $f^{-1}: [-8; \infty) \to (-\infty; 0]$

Lösung Aufgabe 31:
a) $f(x) = \frac{1}{3}x^3 - 2x^2 - 5x$; $f'(x) = x^2 - 4x - 5$; $f''(x) = 2x - 4$; $f'''(x) = 2$
1) Nullstellen: $L = \{-1{,}899; 0; 7{,}899\}$
2) Grenzwertverhalten: $\lim\limits_{x \to \infty} f(x) = \infty$, $\lim\limits_{x \to -\infty} f(x) = -\infty$.
3) f ist weder punktsymmetrisch zum Ursprung noch achsensymmetrisch zur y-Achse.
4) Lokales Maximum: $E_1 = (-1; 2{,}667)$, lokales Minimum: $E_2 = (5; -33{,}333)$
5) Wendepunkte: $W = (2; -15{,}333)$
6)

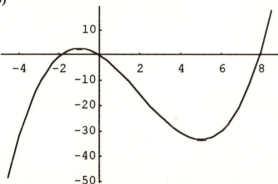

b) $f(x) = x^4 - 25x^2$; $f'(x) = 4x^3 - 50x$; $f''(x) = 12x^2 - 50$; $f'''(x) = 24x$
1) Nullstellen: $L = \{-5; 0; 5\}$
2) Grenzwertverhalten: $\lim\limits_{x \to \infty} f(x) = \infty$ $\lim\limits_{x \to -\infty} f(x) = \infty$
3) f ist achsensymmetrisch zur y-Achse.
4) Lokales Maximum: $E_1 = (0;0)$;
  lokale Minima: $E_2 = (-3{,}536; -156{,}25)$, $E_3 = (3{,}536; -156{,}25)$
5) Wendepunkte: $W_1 = (-2{,}041; -86{,}806)$, $W_1 = (2{,}041; -86{,}806)$

6)

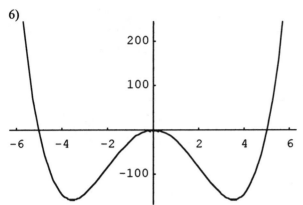

c) $f(x) = \dfrac{2x^2 - x}{x+1}$; $f'(x) = \dfrac{2x^2 + 4x - 1}{(x+1)^2}$; $f''(x) = \dfrac{6}{(x+1)^3}$; $f'''(x) = \dfrac{-18}{(x+1)^4}$

0) $D_f = \mathbb{R} \setminus \{-1\}$
1) Nullstellen: $L = \{0; 0,5\}$
2) Grenzwertverhalten: $\lim\limits_{x \to \infty} f(x) = \infty$; $\lim\limits_{x \to -\infty} f(x) = -\infty$
3) f ist weder punktsymmetrisch zum Ursprung noch achsensymmetrisch zur y-Achse.
4) Lokales Maximum: $E_1 = (-2{,}225; -9{,}899)$;
   lokales Minimum: $E_2 = (0{,}225; -0{,}101)$.
5) Wendepunkte existieren keine.
6) Polstelle: $x = -1$
7) Asymptote: $a(x) = 2x - 3$
8)

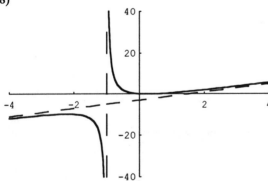

Lösung Aufgabe 32:
a) $F(x) = 1/3 \cdot x^3 + x^2 + 5x - 7/3$ b) $F(x) = 3/2 \cdot x^4 - 4/3 \cdot x^3 + x^2 + x + 11/6$
c) $F(x) = -8/5 \cdot x^5 - 1/2 \cdot x^4 + 1/3 \cdot x^3 - x^2 + x + 173/30$
d) $F(x) = 1/4 \cdot x^4 - 4/3 \cdot x^3 + 1/2 \cdot x^2 + 5x - 5/12$

Lösung Aufgabe 33:
a) 20/3   b) –16   c) 10,5   d) 369   e) 494/3 = 164,$\overline{6}$ f) 1436/15 = 95,$\overline{73}$

Lösung Aufgabe 34:
a) 36 FE   b) 36 FE   c) 64/3 FE   d) 148/3 FE

Lösung Aufgabe 35:
a) 256/3 FE = 85,$\overline{3}$ FE   b) 256/3 FE = 85,$\overline{3}$ FE   c) 81/2 FE = 40,5 FE
d) 1/32 FE = 0,03125 FE

Lösung Aufgabe 36:
a) $e^x(x-1) + C$ b) –2   c) –2 π

Lösung Aufgabe 37:
a) 648/5·π VE = 407,150 VE   b) 12·π VE = 37,699 VE   c) 15·π VE = 47,124 VE

Lösung Aufgabe 38:
I) a) **L** = {–5i; 5i}   b) **L** = {–2i; 2i}   c) **L** = {–2–3i; –2+3i}   d) **L** = {1–3i; 1+3i}
II) a) 8 + 6i   b) –3 – i   c) 1 + 2i   d) 16–4i   e) 14+5i   f) – 20i   g) 5+12i
   h) –8 + 20i   i) –10   j) i   k) 3 – 2i   l) 0,8 – 0,4i

Lösung Aufgabe 39:
a) 5(cos(53,13°) + i·sin(53,13°))
b) 7,21(cos(56,31°) + i·sin(56,31°))
c) 2,83(cos(135°) + i·sin(135°))
d) 5(cos(216,87°) + i·sin(216,87°))
e) 8,94(cos(333,43°) + i·sin(333,43°))

Lösung Aufgabe 40:
I) a) 9   b) 17   c) 0   d) –10   e) –12
II) a) Nein   b) Ja   c) Ja   d) Ja   e) Nein

Lösung Aufgabe 41:
a) $\sqrt{5} \approx 2,236$ b) 5   c) $\sqrt{26} \approx 5,099$ d) $\sqrt{29} \approx 5,385$ e) $\sqrt{30} \approx 5,477$

Lösung Aufgabe 42:
a) 26,57°   b) 40,60°   c) 108,43°   d) 24,09°   e) 64,20°

Lösung Aufgabe 43:

a) Eine mögliche Parameterform von $g : \begin{pmatrix} 1 \\ 1 \end{pmatrix} + t \cdot \begin{pmatrix} 3 \\ -7 \end{pmatrix}$ mit $t \in \mathbb{R}$. Eine andere Parameterform der gleichen Geraden: $g : \begin{pmatrix} 4 \\ -6 \end{pmatrix} + t \cdot \begin{pmatrix} 3 \\ -7 \end{pmatrix}$ mit $t \in \mathbb{R}$.:

b) Nein

9 Test

9.1 Testaufgaben

Welche der folgenden fünf Antwortvorgaben ist korrekt? Es ist jeweils genau eine Antwort richtig.

Aufgabe 1:
Wie lautet die Schnittmenge von $\{x \in \mathbb{N} \mid x \leq 5\} \cap \{x \in \mathbb{N} \mid x > 4\}$?

a) $\{\}$ b) $\{4\}$ c) $\{4; 5\}$ d) 5   e) $\{5\}$

Aufgabe 2:
Das Ergebnis von $\dfrac{-2-5}{5-\frac{1}{3}} =$

a) 3/2   b) 4/3   c) –7,3   d) –3/2   e) 1

Aufgabe 3:
Vereinfachen Sie den Ausdruck $-2(3x - 5) - 5(x + 2y)$
a) $3 + 4x$
b) $3 + 3x + 2y$
c) $-5 + x - 10y$
d) $4 + 3x + y$
e) $10 - 11x - 10y$

Aufgabe 4:
$2^{-4} =$

a) 16   b) –16   c) $\dfrac{1}{16}$ d) $-\dfrac{1}{16}$ e) anderes Ergebnis

Aufgabe 5:
Der Ausdruck $a^2(ab)^4$ kann vereinfacht werden zu

a) a^3b^4 b) $3a4b$ c) $8\ln(ab)$ d) a^6b^4 e) a^9b^4

Aufgabe 6:
$\dfrac{3x^3}{4y^7} : \dfrac{3x}{8y^5} =$

a) $\dfrac{2x^2}{y^2}$ b) $2x^2y^2$ c) $\dfrac{3x^2}{y^2}$ d) $2x^{-2}y^5$ e) anderes Ergebnis

Aufgabe 7:
$\ln(3x^{-4}) =$

a) $\ln(3) + x\ln(-4)$
b) $\ln(3) - 4\ln(x)$
c) $\ln(3) - x^4$
d) $3^{-4} - 4\ln(x)$
e) anderes Ergebnis

Aufgabe 8:
$\ln(e^{-3x}) =$

a) $-3e^x$ b) $-3x$ c) $\dfrac{1}{3x}$ d) $3x$ e) anderes Ergebnis

Aufgabe 9:
Die Lösung der Gleichung $10 = 10^{2x-1}$ ergibt:

a) $x = 0$
b) $x = 2$
c) $x = \ln(10) - 1$
d) $x = 2\ln(10)/\ln(1)$
e) $x = 1$

Aufgabe 10:
Der Ausdruck $\left(\tfrac{1}{2}a - \tfrac{1}{3}b^2\right)^2$ ergibt mit der binomischen Formel:

a) $\dfrac{a^2}{4} + \dfrac{ab^2}{3} + \dfrac{b^4}{9}$

b) $\dfrac{a^2}{4} - \dfrac{ab}{3} + \dfrac{b^4}{9}$

c) $\dfrac{a^2}{4} - \dfrac{ab^2}{3} + \dfrac{b^4}{9}$

d) $\dfrac{a^2}{4} - \dfrac{2ab^2}{3} + \dfrac{b^4}{9}$

e) $a^2 - 2ab + b^2$

Aufgabe 11:
Wie groß ist x, wenn $\log_{10}(x) = -3$ ist?

a) $x = 1000$ b) $x = 1/3$ c) $x = 1/100$ d) $x = 1/10000$ e) anderes Ergebnis

Aufgabe 12:
Der Winkel 270° hat im Bogenmaß den Wert
a) $5\pi/2$ b) 2π c) $3\pi/2$ d) π e) anderes Ergebnis

Aufgabe 13:

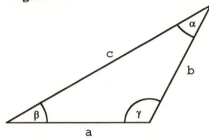

Links sind die Bezeichnungen in einem allgemeinen Dreieck angegeben.

In einem Dreieck mit b = 3 cm, a = 5 cm und α = 90° hat die Seite c die Länge:

a) c = 5cm   b) c = 3 cm   c) c = 1 cm   d) c = 4 cm   e) c = 4,5 cm

Aufgabe 14:
Für welches x gilt: sin(x) = cos(x) ?

a) π/4   b) π/2   c) π   d) 3π/2   e) 2π

Aufgabe 15:
Die Lösung der Gleichungen −2(x − 7) = 4 − 2(5 − x) ergibt

a) x = 4   b) x = −5   c) x = 5   d) x = −2/3   e) x = −2

Aufgabe 16:
Die Lösung der Gleichung $\dfrac{3}{x-4} = \dfrac{5}{x}$ ergibt

a) x = 2   b) x = 4   c) x = 8   d) x = 10   e) x = −10

Aufgabe 17:
Für welche der folgenden x-Werte ist $\sqrt{1 - \dfrac{1}{x}}$ definiert?

a) x > −1   b) x < 1   c) x < 0   d) x > 0   e) x ≠ 1

Aufgabe 18:
Die Lösungsmenge der Gleichung $-2x^2 - 4x = 2x - 8$ lautet

a) { }   b) {1}   c) {1; 2}   d) {4; 1}   e) {−4; 1}

Aufgabe 19:
Eine Fahrerin soll mit einem PKW auf einer Autobahn eine Strecke von 100 km zurücklegen. Sie fährt zunächst eine halbe Stunde mit einer Geschwindigkeit von 110 km/h, bis sie einen Anruf per Funktelefon erhält, dass sie in 20 Minuten einen wichtigen Termin am Ende der Strecke hat. Wie schnell müsste sie nun mindestens fahren, um rechtzeitig anzukommen?

a) 200 km/h   b) 165 km/h   c) 135 km/h   d) 125 km/h   e) 55 km/h

Aufgabe 20:
Die Lösung der Ungleichung $-2x + 4 < 8$ ergibt

a) $x < 2$ b) $x > 2$ c) $x < -2$ d) $x > -2$ e) $x = -2$

Aufgabe 21:
Wie lautet die Gleichung der Geraden, die durch die Punkte A = (0;2) und B = (1;4) geht?

a) $-2x - 1$ b) $2x - 2$ c) $-2x - 2$ d) $2x + 2$ e) $2x$

Aufgabe 22:
Die nach oben geöffnete Parabel mit der Gleichung $y = ax^2 + b$ hat ihren Scheitelpunkt in (0;3). Dann gilt:

a) $b = 6$ b) $b = 3$ c) $b = 0$ d) $b = -3$
e) Ergebnis für Parameter b kann aus angegebenen Daten nicht errechnet werden.

Aufgabe 23:
Eine Lösung der Gleichung $2x^3 + 4x^2 - 2 = 0$ lautet

a) $x = 0$
b) $x = -4$
c) $x = -1$
d) $x = 1$
e) Es existiert keine Lösung in **R**.

Aufgabe 24:
Welche Nullstelle(n) hat die Funktion $f(x) = \dfrac{x^2 - 4}{x - 2}$?

a) keine
b) $x = 2$
c) $x = 2$ und $x = -2$
d) $x = -2$
e) $x = -0{,}5$

Aufgabe 25:
Die Gleichung der Asymptote der Funktion $f(x) = \dfrac{3x^2 - 6x}{6x^2 - 10x + 1}$ lautet

a) $a(x) = 0$
b) $a(x) = 6x - 10$
c) $a(x) = 1/2$
d) $a(x) = -1/2$
e) $a(x) = 2$

Aufgabe 26:
Der größtmögliche (reellwertige) Definitionsbereich der Funktion f mit
$f(x) = \sqrt{2x-4}$ ist

a) $\mathbf{R}$ b) $\mathbf{R}^+$ c) $[4;\infty)$ d) $(-\infty;2)$ e) $[2;\infty)$

Aufgabe 27:
$\lim\limits_{x \to -\infty} (-\tfrac{1}{4}x^3 - 10x^2 - x + 1) =$

a) $-1/4$ b) 1 c) ∞ d) $-\infty$ e) 0

Aufgabe 28:
Ist die Funktion, deren Graph im folgenden Schaubild zu sehen ist, auf dem Intervall $I = [-4; 4]$ stetig?

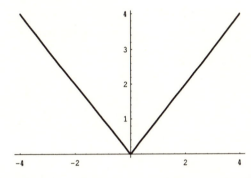

a) Ja b) Nein c) Die Funktion ist auf I weder stetig noch unstetig.

Aufgabe 29:
Für die Ableitung der Funktion f mit $f(x) = \dfrac{2}{x^2}$, $x \neq 0$, gilt

a) $f'(x) = -\dfrac{2}{x^2}$

b) $f'(x) = \dfrac{1}{x}$

c) $f'(x) = -\dfrac{4}{x^3}$

d) $f'(x) = \dfrac{2}{x^2} + x$

e) $f'(x) = 2$

Aufgabe 30:
Die Funktion $f : \mathbf{R} \to \mathbf{R}$ mit $f(x) = x^3 - 5$ hat an der Stelle $x = 0$
a) eine Nullstelle
b) eine Unstetigkeitsstelle
c) ein lokales Maximum
d) ein lokales Minimum
e) einen Wendepunkt

Aufgabe 31:
$$\int_{-2}^{2} x^3 dx =$$

a) 0　　　　b) –1/3　　　　c) 0,5　　　　d) –2　　　　e) 3

Aufgabe 32:
Zwischen der Kurve der Funktion f mit $f(x) = -x^2 + 1$ und der x-Achse wird eine Fläche eingeschlossen mit

a) 3/4 FE　　　b) 2/3 FE　　　c) 0 FE　　　d) 1 FE　　　e) 4/3 FE

Aufgabe 33:
Der Graph einer Stammfunktion F der Funktion $f : \mathbf{R} \to \mathbf{R}$ mit $f(x) = 6x^2$ geht durch den Punkt (1;1). Für die Stammfunktion gilt
a) $F(x) = 2x^3 + x - 2$
b) $F(x) = 2x^3 - 1$
c) $F(x) = 3x^3 - 2$
d) $F(x) = 12x - 11$
e) $F(x) = x^6$

Aufgabe 34:
Wie lautet die Lösungsmenge der Gleichung $x^2 + 9 = 0$ (Definitionsbereich ist **C**)?

a) { }　　　b) {–3; 3}　　　c) {–i; i}　　　d) {–3i; 3i}　　　e) {3i}

Aufgabe 35:
Die komplexe Zahl $z = 3 - i$ hat die Länge

a) $\sqrt{8}$　　　b) $\sqrt{9}$　　　c) $\sqrt{10}$　　　d) 10　　　e) anderes Ergebnis

Aufgabe 36:
Wie stellt sich die komplexe Zahl $z = 1 + i$ in Polarkoordinaten dar?
a) $\cos 45° + i \sin 45°$
b) $2(\cos 90° + i \sin 90°)$
c) $\sqrt{2} \, (\cos 90° + i \sin 90°)$

d) $\sqrt{2}\ (\cos 45° + i \sin 45°)$

e) $\sqrt{2}\ (\cos 45° - i \sin 45°)$

Aufgabe 37:

Der Vektor $\begin{pmatrix} -6 \\ 8 \end{pmatrix}$ hat die Länge

a) 5   b) 10   c) 2   d) –10   e) 8

Aufgabe 38:

Der Winkel zwischen den beiden Vektoren $\vec{x} = \begin{pmatrix} 1 \\ 2 \end{pmatrix}$ und $\vec{y} = \begin{pmatrix} 6 \\ 8 \end{pmatrix}$ beträgt:

a) 0°   b) 10,30°   c) 15,45°   d) 20,60°   e) 45°

Aufgabe 39:

Das Skalarprodukt zwischen $\vec{x} = \begin{pmatrix} 1 \\ -2 \end{pmatrix}$ und $\vec{y} = \begin{pmatrix} -6 \\ 8 \end{pmatrix}$ beträgt:

a) –22   b) –6   c) 0   d) 6   e) 22

Aufgabe 40:

Die Vektoren $\vec{x} = \begin{pmatrix} 1 \\ -2 \end{pmatrix}$ und $\vec{y} = \begin{pmatrix} a \\ 1 \end{pmatrix}$ stehen senkrecht, wenn

a) a = –2   b) a = –½   c) a = 0   d) a = ½   e) a = 2

Aufgabe 41:

Die Gerade durch die Punkte A = (0;2) und B = (2;2) hat folgende Parameterdarstellung:

a) $g: \begin{pmatrix} 2 \\ 2 \end{pmatrix} + t \cdot \begin{pmatrix} 0 \\ 2 \end{pmatrix}$ mit $t \in \mathbf{R}$

b) $g: \begin{pmatrix} 2 \\ 2 \end{pmatrix} + t \cdot \begin{pmatrix} 2 \\ 1 \end{pmatrix}$ mit $t \in \mathbf{R}$

c) $g: \begin{pmatrix} 0 \\ 2 \end{pmatrix} + t \cdot \begin{pmatrix} 2 \\ 0 \end{pmatrix}$ mit $t \in \mathbf{R}$

d) $g: \begin{pmatrix} 0 \\ 2 \end{pmatrix} + t \cdot \begin{pmatrix} 2 \\ 2 \end{pmatrix}$ mit $t \in \mathbf{R}$

e) $g: \begin{pmatrix} 2 \\ 0 \end{pmatrix} + t \cdot \begin{pmatrix} 2 \\ 0 \end{pmatrix}$ mit $t \in \mathbf{R}$

Aufgabe 42:

Der Punkt P liegt nicht auf der Geraden $g : \begin{pmatrix}1\\2\end{pmatrix} + t \cdot \begin{pmatrix}1\\1\end{pmatrix}$ mit $t \in \mathbf{R}$.

a) $P = (1;2)$

b) $P = (2;3)$

c) $P = (0;1)$

d) $P = (0;2)$

e) $P = (4;5)$

Aufgabe 43:

Welche der folgenden zwei Geraden verlaufen senkrecht zueinander?

a) $g_1 : \begin{pmatrix}1\\2\end{pmatrix} + t \cdot \begin{pmatrix}1\\1\end{pmatrix}$ mit $t \in \mathbf{R}$; $g_2 : \begin{pmatrix}1\\2\end{pmatrix} + t \cdot \begin{pmatrix}1\\1\end{pmatrix}$ mit $t \in \mathbf{R}$

b) $g_1 : \begin{pmatrix}1\\2\end{pmatrix} + t \cdot \begin{pmatrix}0\\2\end{pmatrix}$ mit $t \in \mathbf{R}$; $g_2 : \begin{pmatrix}1\\2\end{pmatrix} + t \cdot \begin{pmatrix}1\\1\end{pmatrix}$ mit $t \in \mathbf{R}$

c) $g_1 : \begin{pmatrix}1\\2\end{pmatrix} + t \cdot \begin{pmatrix}1\\-1\end{pmatrix}$ mit $t \in \mathbf{R}$; $g_2 : \begin{pmatrix}1\\2\end{pmatrix} + t \cdot \begin{pmatrix}1\\1\end{pmatrix}$ mit $t \in \mathbf{R}$

d) $g_1 : \begin{pmatrix}1\\1\end{pmatrix} + t \cdot \begin{pmatrix}1\\-2\end{pmatrix}$ mit $t \in \mathbf{R}$; $g_2 : \begin{pmatrix}1\\2\end{pmatrix} + t \cdot \begin{pmatrix}1\\1\end{pmatrix}$ mit $t \in \mathbf{R}$

e) $g_1 : \begin{pmatrix}1\\1\end{pmatrix} + t \cdot \begin{pmatrix}1\\1\end{pmatrix}$ mit $t \in \mathbf{R}$; $g_2 : \begin{pmatrix}1\\2\end{pmatrix} + t \cdot \begin{pmatrix}1\\1\end{pmatrix}$ mit $t \in \mathbf{R}$

9.2 Lösungen zum Test

Aufgabe	Lösung
1	e
2	d
3	e
4	c
5	d
6	a
7	b
8	b
9	e
10	c
11	e
12	c
13	d
14	a
15	c
16	d
17	c
18	e
19	c
20	d
21	d
22	b

Aufgabe	Lösung
23	c
24	d
25	c
26	e
27	c
28	a
29	c
30	e
31	a
32	e
33	b
34	d
35	c
36	d
37	b
38	b
39	a
40	e
41	c
42	d
43	c

Literaturverzeichnis

Hettich, G.; Jüttler, H.; Luderer, B.: Mathematik für Wirtschaftswissenschaftler und Finanzmathematik; München: R. Oldenbourg Verlag; 4. Aufl. 1997

Hoffmann, S.: Mathematische Grundlagen für Betriebswirte; Herne/Berlin: Verlag Neue Wirtschaftsbriefe; 4., überarb. Aufl. 1995

Papula, L.: Mathematische Formelsammlung für Ingenieure und Naturwissenschaftler; Braunschweig, Wiesbaden: Vieweg Verlag; 4. Aufl. 1994

Pfeifer, A.: Praktische Finanzmathematik; Thun u. Frankfurt am Main: Verlag Harri Deutsch; 1995

Preuß, W.; Wenisch, G. (Hrsg.); Lehr- und Übungsbuch: Mathematik in Wirtschaft und Finanzwesen; Leipzig: Fachbuchverlag; 1998

Stöcker, H.: Taschenbuch mathematischer Formeln und moderner Verfahren; Thun u. Frankfurt am Main: Verlag Harri Deutsch; 3. Aufl. 1995

Wenzel, H.; Heinrich, G.: Übungsaufgaben zur Analysis Ü 1; Stuttgart, Leipzig: Teubner Verlag; 5. Aufl. 1997

Register

A

abc-Formel 40
Ableitung 75
Absolutbetrag siehe Betrag
Abszisse 48
Achsensymmetrie 72
Addition 17
Allquantor 16
Ankathete 30
Argument einer komplexen Zahl 107
Assoziativgesetz 14, 17
Asymptote 65
Atto 45
Aufgaben 116, 137
Aussage 15
Aussageform 15

B

Basis 20; 23
Betrag einer komplexen Zahl 107
Betrag einer reellen Zahl 21, 47
Bijektivität 89
Bildungsgesetz einer Folge 25
Binomialkoeffizient 28
Binomische Formel 27
Bogenmaß 31
Briggs'scher Logarithmus 23
Bruch 9, 18
Bruchgleichung 36

C

$\mathbb{C}$ 10
Centi 45

D

De Morgan'sche Gesetze 14
Definitionsbereich 48
Deka 45
Dezi 45
Dezimalbruch 19
Differentialquotient 75
Differentialrechnung 74
Differenzmenge 12
Distributivgesetz 14, 17
Dreieck 31

E

Element 7
   inverses 17
   neutrales 17
Existenzquantor 16
Exponent 20
Exponentialfunktion 59
Extremum 82

F

Fakultät 26
Femto 45
Folge 25
Folgenglied 25
Fundamentalsatz der Algebra 43
Funktion 48
   achsensymmetrische 72
   bijektive 89
   ganzrationale 53
   gebrochenrationale 62
   hyperbolische 69
   injektive 88
   irrationale 68
   punktsymmetrische 72
   rationale 62
   stetige 71
   surjektive 88
   symmetrische 72
Funktionstafel 49

G

Gegenkathete 30
Gerade 51, 113

Giga 45
Gleichung
　2. Grades 39
　3. Grades 42
　Bruchgleichung 36
　kubische 42
　lineare 35
　quadratische 39
　Wurzelgleichung 38
Grad 31
Graph einer Funktion 48
Grenzwertverhalten 65, 72

H

Halbkreis 101
Hekto 45
Hypotenuse 30

I

I 9
i 10
Imaginärteil 103
Injektivität 88
Integral 92
　bestimmtes 93
　unbestimmtes 95
Integration 92
　partielle 100
Intervall 11

J

j 10

K

Kathete 30
Kettenregel 81
Kilo 45
Kommutativgesetz 14, 17
Komplementärmenge 13
Koordinatenursprung 49
Kosinus 32, 57
Kosinushyperbolicus 69

Kosinussatz 33
Kotangens 32
Kurvendiskussion 90

L

Laufindex 25
Linearfaktoren 42, 43
Literaturverzeichnis 146
Logarithmus 23, 61
Lösungen 126, 145
　Testaufgaben 145
　Übungsaufgaben 126
Lücke 62

M

Mächtigkeit 7
Maximum 82
Mega 45
Menge 7
　disjunkt 13
　fremd 13
　leere 8
Mikro 45
Milli 45
Minimum 82
Monotonie 86
Multiplikation 17

N

$\mathbb{N}$ 8
$\mathbb{N}_0$ 8
Nano 45
Normalparabel 54
Nullpunkt 49
Nullstelle 40, 53

O

Obermenge 8
Ordinate 48
orthogonal 111
Ortsvektor 109

Register

P

Parabel 54
Parameterform 113
Pascal'sches Dreieck 27
Peta 45
Piko 45
Polarkoordinaten 107
Polynom 53
Polynomdivision 66
Potenzgesetze 20
p-q-Formel 39
Produktregel
    Differentiation 79
    Integration 100
Produktzeichen 26
Punkt-Punkt-Form einer Geraden 52
Punkt-Steigungs-Form einer Geraden 52
Punktsymmetrie 72
Pythagoras 31

Q

Q 9
Quantor 16
Quadrant 49
Quotientenregel 79

R

R 9
R^+ 10
Radikand 20
Realteil 103
Reihe 25
Rotationsparaboloid 101

S

Sattelpunkt 82, 85
Scheitelpunkt 54
Scheitelform 55
Schnittmenge 12
Schnittwinkel 112
Sekante 74
Sinus 32, 57
Sinushyperbolicus 69
Sinussatz 33
Skalar 109
Skalarprodukt 110
Stammfunktion 94
Steigung 51, 74
Stetigkeit 71
Strahlensatz 31
Summenzeichen 25
Surjektivität 88
Symmetrie einer Funktion 72

T

Tangente 75, 76, 82
Tangens 32, 58
Tangenshyperbolicus 70
Teilmenge 8
Teilsumme 25
Tera 45
Testaufgaben 135
Trigonometrie 30

U

Übungsaufgaben 116, 137
Ungleichungen 46

V

Variable 15
    abhängige 48
    unabhängige 48
Vektorrechnung 109
Veränderliche 48
Vereinigungsmenge 12
Venn-Diagramm 13
Vieta'scher Satz 40
Volumen 101

W

Wendepunkt 85
Wendetangente 85
Wertebereich 48

Wertetabelle 49
Winkel 30, 112
Wurzel 20
Wurzelexponent 20
Wurzelfunktion 68
Wurzelgleichung 38

Y

Yokto 45
Yotta 45

Z

Z 9
Zahlen
    ganze 9
    imaginäre 103
    irrationale 9
    komplexe 10, 103
    natürliche 8
    rationale 9
    reelle 9
Zahlenfolge 25
Zehnerlogarithmus 23
Zepto 45
Zerlegung in Linearfaktoren 42, 43
Zetta 45
Zielbereich 48